边坡稳定性整体分析理论与方法

孙冠华　郑　宏　杨永涛　等　著

科　学　出　版　社

北　京

内 容 简 介

边坡稳定性分析一直是岩土力学与工程的重要研究课题，自20世纪50年代以来在国内外兴起了研究和应用热潮，并取得了长足的发展。本书首先综述传统的极限平衡法，然后以作者多年来在严格极限平衡法及相关领域中取得的研究成果为主进行介绍，主要内容包括：传统条分法、边坡稳定性分析的无条分法、基于Morgenstern-Price假定的整体分析法、边坡安全系数和推力线求解的优化模型、考虑抗滑桩加固效应的无条分法、严格三维极限平衡法、考虑加固措施的严格三维极限平衡法及一些工程应用等。本书主要针对边坡稳定性分析方法的基础问题开展研究，并扩展传统极限平衡法的研究范畴，具有一定的创新性和实用性。

本书可供高校、科研院所及工程技术单位从事岩土力学与工程专业工作的同仁参考，也可作为高校岩土工程、地质工程专业的专业课教材。

图书在版编目（CIP）数据

边坡稳定性整体分析理论与方法/孙冠华等著. —北京：科学出版社，2019.9
ISBN 978-7-03-062097-2

Ⅰ.①边… Ⅱ.①孙… Ⅲ.①岩石-边坡稳定性-稳定分析 Ⅳ.①TU457

中国版本图书馆CIP数据核字（2019）第178417号

责任编辑：杨光华 何 念 / 责任校对：刘 畅
责任印制：吴兆东 / 封面设计：耕者设计工作室

科学出版社出版
北京东黄城根北街16号
邮政编码：100717
http://www.sciencep.com
北京凌奇印刷有限责任公司 印刷
科学出版社发行 各地新华书店经销
*
开本：787×1092 1/16
2019年9月第 一 版 印张：9 1/4
2024年3月第五次印刷 字数：216 000
定价：78.00元
（如有印装质量问题，我社负责调换）

前　言

边坡是自然或人工形成的斜坡，是人类活动中最常见的地质环境，也是工程建设中最基本的工程形式之一。近年来，我国基础设施建设的步伐不断加快，工程建设遇到了大量的边坡问题，特别是在地形、地质条件复杂，地势起伏大的地区，边坡的稳定性问题显得尤为突出。

研究边坡稳定性的目的，在于预测边坡失稳的规模以及危害程度，事先采取防治措施，减轻地质灾害，使人工边坡的设计达到安全、经济的目的。不稳定的天然斜坡和潜在失稳的人工边坡，在岩土体重力、水荷载或其他外因作用下，常发生滑动或崩塌破坏。大规模的边坡失稳可能引起交通中断、建筑倒塌、江河堵塞、水库淤填，给人民生命财产带来巨大损失。

稳定性分析方法是边坡稳定性评价和滑坡灾害防治的关键手段，主要有极限平衡法、极限分析法和数值分析法等。传统的极限平衡法一直是并将在今后很长一段时间内仍然是工程设计的首选方法。极限平衡法强调的是某一特定滑面上刚性条块间的静力平衡，抓住了边坡稳定性分析的主要矛盾。根据条间力的假定、所满足的静力平衡条件和适用滑面的不同，传统的极限平衡法非常丰富，传统条分法可统称为局部法；另一类方法，可称为整体法，即取整个滑体而不是单个条块为研究对象，未引入条间力假定。

本书内容主要取材于中国科学院武汉岩土力学研究所计算岩石力学研究团队所依托的国家自然科学基金项目（11972043、50925933）、国家重点研发计划项目子课题（2018YFE010010003）、国家重点基础研究发展计划（973 计划）课题（2011CB013505）、中国科学院青年创新促进会项目（2014302）等，在边坡稳定性整体分析方法方面取得的相关研究成果，主要包括以下两个方面的内容。

（1）二维整体分析法方面：提出边坡稳定性分析的无条分法和基于 Morgenstern-Price 假定的整体分析法，建立边坡安全系数和推力线求解的优化模型。

（2）严格三维极限平衡法方面：提出严格三维极限平衡法、考虑加固措施的严格三维极限平衡法及边坡稳定性分析的代数特征值问题。

全书包括 10 章，孙冠华负责全书统稿及第 2、4、5、8、10 章的写作，郑宏负责第 1、3、7 章的写作，杨永涛负责第 9 章的写作，张谭负责第 6 章的写作。另外，本书的写作过程中，得到了三峡大学研究生黎彦、宋鹏程，中国科学院武汉岩土力学研究所研究生林姗、孙英豪、易琪等的帮助和支持，在此表示衷心感谢！书中参考了大量的宝贵文献资料，对各位作者表示衷心感谢！

由于作者才疏学浅，书中难免存在不当之处，希望各位读者不吝赐教。

作　者

2019 年 8 月 31 日于武昌小洪山

目　录

第1章　绪　论

边坡稳定性分析是岩土力学与工程的重要分支学科，而我国又是边坡失稳和滑坡灾害频发的国家。滑坡的主要危害是造成人员伤亡和摧毁城乡建筑、交通道路、工厂矿山、水利水电工程、农田土地等，边坡失稳和滑坡灾害给社会经济和人民生活带来了严重的威胁[1]。因此，边坡稳定性评估与滑坡灾害防治是我国国民经济建设和可持续发展的重要支撑。

20世纪以来，国内外众多的岩土及地质工作者致力于边坡滑坡研究，取得了丰硕的研究成果，特别是20世纪80年代以来，随着数理计算方法尤其是现代计算机技术的快速发展，边坡滑坡研究进入一个崭新的高速发展阶段，引入了有限元法、离散元法、边界元法等数值方法，显著推动了边坡演化过程研究；将数值模拟方法和传统的极限平衡法、Sarma法等条分法结合，推动了解析方法的发展。

大型边坡的稳定性评估一般分为两个阶段：定性分析和定量分析。定性分析一般是指地质工程的手段和技术，它包含地质分析法（历史成因分析、过程机制分析）、工程地质类比法、图解法、斜坡稳定专家系统等。而定量分析则包括前述的数学、力学的方法，如极限平衡法、极限分析法、有限元法、可靠度分析法、离散元法、有限差分法、非连续变形分析方法及关键块体理论等。本章主要对定量分析方法进行综述。

1.1　边坡稳定性分析方法概述

在边坡稳定性分析方法中，尽管有限元方法可以考虑复杂的本构模型，但在工程规范中采用更多的还是传统的极限平衡法。极限平衡法强调特定滑面上刚性条块间的静力平衡，力学模型简单易懂，并且抓住了边坡稳定性分析的主要矛盾。根据条间力基本假设、静力平衡条件及滑面适用性的不同，常用的极限平衡法有：瑞典法（Fellenius method）[2]、Janbu法[3-4]、Bishop法[5]、Lowe法[6]、美国陆军工程师团（USACE，US Army Corps of Engineer）法[7]、Morgenstern-Price法[8]、Spencer法[9-10]、Sarma法[11-12]、传递系数法[13-14]等。其中，除Sarma法[12]外，其余的分析方法都是垂直条分法；除传递系数法外，其余方法都采用基于强度储备的安全系数，而传递系数法是我国规范[13-14]中指定的边坡稳定性分析方法，其显式的安全系数求解格式是在超载条件下定义的[15]。

在以上各种基本的极限平衡分析方法的基础上，许多学者进行了不断的改进、发展和完善。Chen等[16]对Morgenstern-Price法[8]进行了改进，通过对各种边坡稳定性分析方法的综合，建立了统一的静力平衡方程组，完整地推导了静力平衡微分方程的闭合解，解决了Morgenstern-Price法数值计算收敛困难的问题；为保证剪应力成对原理不被破坏，提出了条间力在边界上需遵守的限制条件和求解安全系数合理解的最大值、最小值方法[15]。

杨明成等[17]、郑颖人等[18]将极限平衡条分法对条间力的假定表示成统一形式，建立了基于力平衡的安全系数统一求解格式。朱大勇等[19, 23]、Zhu 等[20-22]在安全系数的求解方法、保证计算的精度和收敛性等方面做了许多改进，如改进了 Morgenstern-Price 法[8]、Janbu 法[3-4]、Sarma 法[11-12]，推导了在同时满足力与力矩平衡条件下，条间力和条间力矩之间的递归关系，运用 Newton-Raphson 法提出了一种新的运用 Morgenstern-Price 法计算安全系数的简便方法。戴自航等[24]基于边坡稳定性分析普遍极限平衡法的数值积分解法，建立了安全系数积分表达式，据此建立了一种简单而实用的内部力函数。Zheng 等[25]基于滑面应力修正技术并取整个滑体为受力体，提出了无条分法。Cheng 等[26]则在临界滑面搜索方面进行了改进。朱大勇等[27]利用数值分析得到的应力场，计算潜在滑面上的正应力分布，再按正应力修正技术求解边坡安全系数。依据边坡滑动的矢量特征，葛修润[28]提出了边坡抗滑稳定的矢量和分析方法，定义了矢量和法安全系数。

边坡稳定性分析的经典方法还包括特征线法[29-31]和极限分析法[32-36]，特征线法解题范围有限，仅适用于平面问题。极限分析法中最重要的当属上限原理和下限原理。从极限分析原理出发，可以衍生出比传统极限平衡法更有效的分析方法，如陈祖煜[32]利用极限分析法的上限原理、下限原理建立了与经典的垂直条分法和斜条分法平行的极限平衡法体系。该方法的一个突出优点就是能清楚地知道所求的安全系数与真实安全系数之间的定性关系。Yu 等[33]探讨了极限分析法与极限平衡法之间的关系。Sloan[34-35]、Lyanmin 等[36]将极限分析法的上限原理、下限原理与有限元法和数学规划法结合起来，可以在不事先假定机动模式和静力模式的前提下求得安全系数（或极限载荷）的全局最优解（指上限解、下限解）。

自有限元方法被 Clough 等[37]引入边坡及水电领域以来，其在边坡及坝基稳定分析中得到了广泛的应用。初期的应用仅限于边坡和坝基的变形分析及工程的施工过程研究。为了像其他方法一样提供一个安全系数，Zienkiewicz 等[38]采用了有限元强度折减法，这也是后来很多学者研究的方法，如 Naylor[39]、Donald 等[40]、Matsui 等[41]、Ugai[42]、Dawson 等[43]、Griffiths 等[44]。与经典的极限平衡法和极限分析法相比，有限元强度折减法[38-88]具有自己特有的优势：第一，可以得到极限状态下的失效形式，这在很多场合是非常重要的，如果采用削坡方式来改善滑坡的稳定性，就需要充分了解滑带的滑动部分和阻滑部分[69]，开挖体只有位于滑带的滑动部分之上，才能起到积极作用，否则会适得其反；第二，可以了解边坡随强度的恶化而呈现出的渐进失稳过程[70-73]，这样就可将有限的加固措施置于最紧要的部位；第三，可以考虑不同施工工序对边坡最终安全度的影响[67]；第四，可以考虑影响边坡稳定的某些更复杂的因素[74-77]，如模拟降雨过程[76]、考虑动力因素[77]、采用更接近实际的本构模型[54]等。当然除了有限元法，近年来发展起来的其他数值方法也是边坡分析的有效方法，如非确定性方法[78-80]、一些非连续方法[81-83]，以及其他一些方法[84-85]等。当然，引起滑坡的因素很多，仅凭一两种方法来预测是否会发生滑坡可能是不现实的[86]。

尽管在有限元分析中可以考虑更复杂的本构模型[54]，甚至还可以结合变形观测来进行反演[87]，但目前在工程分析中最普遍的还是基于莫尔-库仑(Mohr-Coulomb)强度准则的理想弹塑性模型，因为由此得到的计算结果与工程师熟悉的极限平衡法的结果最具可比性。Johnson[88]也证明了“如果对理想弹塑性结构简单加载，则极限载荷与相同强度参数的刚塑性体的极限载荷相等”。

自 20 世纪 60 年代以来，众多学者对边坡的三维分析从理论或实施技术上进行了研究。正如 Stark 等[89]所指出的那样，所有的三维分析方法都存在局限和不足。近年来，Zheng[90]、Toufigh 等[91]、Farzaneh 等[92]及朱大勇等[93]都在三维分析的研究上取得了一定进展。

1.1.1 关于安全系数

一般情况下，不同场合采用不同的安全系数定义，对于同一个计算对象，按照不同的定义计算得到的安全系数，其值一般都存在一定差异[15]。总的来说，基于强度储备概念的安全系数定义（即泰勒定义）在边坡稳定性分析中似乎更为普遍[45]，如此定义边坡的安全系数，是由岩土类材料的受力特点及材料强度的摩擦特性决定的。

基于强度储备概念的定义，极限平衡方法实质上是假定岩土体的强度参数折减某一数值后岩土体的力学体系刚好达到极限状态，由此极限状态的力系平衡给出求解安全系数的方程。20 世纪较多学者进行过各种极限平衡法所得安全系数可靠性的论述，如 Spencer[9-10]、Chen 等[94]、Wright 等[95]、Chen 等[96]、Huang 等[97]、Fredlund 等[98]、Garber 等[99]、Sarma[11-12]、Chen 等[16]、Leshchinsky[100]、Leshchinsky 等[101]、Duncan[45]等。Duncan[45]认为，在指定滑面上用各种方法计算的安全系数相互比较是没有意义的，因为每种方法都有自己的假定等计算条件，所得结果自然没有可比性，所以相互比较的应该是同一边坡采用各种方法求得的最小的安全系数。满足所有平衡的极限平衡法所得结果的最大差异为 12%。总的来说，Bishop 法、Janbu 法、Morgenstern-Price 法、Spencer 法的计算结果较为可靠，但 Bishop 法仅限于圆弧滑面；各计算结果对条间力的倾角较为敏感，较差的条间力倾角假定可能会导致错误的结果；所有的极限平衡法都会遇到不同程度的数值问题[45]。

目前在利用弹塑性有限元法进行边坡稳定性分析时，大多是利用强度折减系数[38-88]来求解安全系数的，即不断地将岩土类材料的抗剪强度参数（黏聚力 c 和摩擦系数 f）除以折减系数 Z 并求解一系列非线性问题，直到边坡达到极限平衡状态（临界状态），就将此时的 Z 取为安全系数。

采用有限元强度折减法时，由于临界状态下的切线刚度矩阵是奇异的[56]，除非采用弧长法[46, 102]或位移控制法[103]，否则现有的非线性有限元法中广泛采用的载荷控制法是无法达到临界点的，因此大多采用近似的临界状态或准临界状态。准临界状态的标准不是唯一的，很多学者都讨论了这一问题。目前工程计算中大多是将迭代次数作为控制标准，即若对于某一折减系数 Z_1，系统能够在规定的迭代次数内收敛，而对于比 Z_1 稍大的 Z_2，就不能收敛，则将安全系数取为介于 Z_1 和 Z_2 的某个值。因为没有一个确定“规定的迭代次数”的客观标准，且导致不收敛的原因也不仅限于结构已接近坍塌[102]，所以在使用这一判据时应特别小心。鉴于此，连镇营等[104]和栾茂田等[55]给出了一个比较客观的标准：当边坡达到临界状态时，广义塑性剪应变的等值线由坡底贯通至坡顶。张孟喜等[49]所采用的也是类似的标准。

众所周知，除了 Fellenius 法，不同的极限平衡法所求得的安全系数差别不大[45]，然而，由有限元求得的安全系数有时却小于极限平衡法的结果[75]。这种情形似乎与我们的理解相矛盾，因为任何极限平衡法都或多或少地引入了一些假定，这些假定通常会对条块间的约束做出一定的松弛，从而可能导致极限平衡法中的刚性块体系的安全性低于真实的边坡。而基于连续介质模型的有限元法未引入任何导致松弛的假定，按理说有限元算得的安全系数应高于传统的极限平衡法。

郑宏等[51]发现对于任何符合莫尔-库仑强度准则的弹塑性材料，都满足 φ-υ 不等式：$\sin\varphi > 1-2\upsilon$，其中 φ、υ 分别为内摩擦角和泊松比。基于此，就要求在对 c、f 打折扣的时候，应同时调泊松比 υ，以确保 φ-υ 不等式始终成立。如果不调整泊松比，当折减系数增加到一定程度的时候，可能会破坏 φ-υ 不等式，而一旦 φ-υ 不等式不再成立，必将导致过大的塑性区估计。因为进入屈服的单元越多，所以在求解非线性有限元方程组时所需的平衡迭代次数也越多，如果“在规定的迭代次数内不收敛”，就可能会导致偏小的安全系数。通过 Zheng 等[56]所建议的弹性参数的调整策略并采用关联流动法则，可以在更少的迭代次数下，得到更加合理的边坡在极限状态下的塑性区分布及与严格满足三个平衡条件的极限平衡法（如 Spencer 法等）或极限分析法[29]十分相近的结果。

为了克服莫尔-库仑屈服面上的不光滑角点给弹塑性本构积分带来的不便，改善安全系数的求解精度，郑颖人等[52]建议用与莫尔-库仑屈服面在 π 平面上有相同截面积的德鲁克-普拉格（Drucker-Prager）屈服面来代替莫尔-库仑屈服面。

1.1.2 临界滑面的确定方法

众所周知，极限平衡法中确定圆弧形状的临界滑面较为简单，而非圆弧滑面的确定比较复杂[45]。自从极限平衡法诞生以来，对非圆弧滑面的研究就未停止过。早期的研究举例如下：Boutrop 等[105]利用滑面生成器将所有可能的滑面动态地生成，对应于最小安全系数的临界滑面自然就找到了；Baker[106]将动态优化技术跟 Spencer 法相结合搜寻临界滑面；Celestino 等[107]提出了一种方法，从滑面上某一点出发按特定的方向搜寻最可能破坏的下一点，后来 Li 等[108]、Arai 等[109]发展了这种方法；Nguyen[110]的优化方法等。令人遗憾的是，这些早期的方法仅仅适用于简单边坡。

正如 Duncan[45]所指出的，在简单均质边坡中，将滑面假定为圆弧形状所得到的结果误差很小。Celestino 和 Duncan[107]、Spencer[10]等认为均质边坡的临界滑面为圆弧形状，而 Chen 和 Garber[94]、Baker[106]等则认为临界滑面更接近于螺旋曲线，而假定为这两种形状的临界滑面对应的安全系数在任何情况下都相差很小。

早期的研究中，争议最多的应该是变分方法，该方法最早被 Baker 等[111-112]、Castillo 等[113]及 Ramamurthy 等[114]所采用，但后来不少学者又对此方法从理论和应用上均提出了质疑，然而其数学上的理论对于工程师来讲确实过于复杂[45]。相对而言，随着优化算法的发展，在搜索临界滑面的研究中该方法则一直被研究者所提及，早期的有Nguyen[110]、Greco[115]和Malkawi等[116]。近年来，启发式全局优化算法的发展较快，然而其在岩土工程领域的应用比较有限。Cheng[117]采用的模拟退火算法，Zolfaghari等[118]和Bolton等[119]采用的遗传算法和“leap-frog”算法，属于这一类方法。基于修正的粒子群优化算法，Cheng等[120]得到的临界滑面与早期的Greco[115]和Malkawi等[116]较为相近。在任意滑面的搜索中，采用优化算法的难度在于：①安全系数的目标函数，通常是不光滑、非凸的，而且有可能在求解区域内不连续，这样就给梯度类的优化算法带来了不收敛的困难；②很多算法都过分依赖初值，而只能得到局部最优解，因为复杂边坡可能存在多个局部极小安全系数；③从工程角度，确定一个初始的失稳滑面存在难度，而这点对大部分经典的优化算法都较为重要[120]。

对于二维问题，在根据应力计算结果确定临界滑面的有关算法中，也有一些相对严谨的技术性优化方法，如Zou等[65]的结合动态规划法、王成华等[66]的采用人工智能的蚂蚁算法、邵龙潭等[50]所建议的广义数学规划命题和模式搜索方法等，都是基于安全系数的Fellenius定义（即抗滑力比滑动力）来讨论临界滑面的搜寻问题的。Zheng等[56]建立了二维临界滑面所满足的一个常微分方程组的初值问题，通过求解该初值问题，获得了滑面的空间位置。

工程设计通常要求有限元法也能像极限平衡法那样为边坡提供一个安全系数和临界滑面，但不幸的是利用强度折减系数仅能提供近似的安全系数，在Zheng等[58]之前一直没有学者严格基于应力场的数学模型来定义临界滑面的空间位置。目前在工程计算中一般是根据临界态的塑性区、变形图或其他可视化技术来大致估计临界滑面的，如连镇营等[104]利用广义塑性剪应变的等色图来确定滑动面。郑宏等[62]认为采用塑性功等值线更具普遍性，原因是当边坡内同时含有软岩（土）和硬岩（土）时，硬岩（土）内的广义塑性应变远远低于软岩（土），因为等值线对于节点值异常敏感，所以会使广义塑性应变等值线严重畸变而让临界滑面的准确定位变得困难。采用塑性功等值线则不然，由于相邻破损区内的塑性功相差不大，其等值线要规整得多。对于人工边坡，宋二祥[46]建议采用位移增量等值线来确定临界滑面。Griffiths 等[44]使用非关联流动法则并将剪涨角取为零，发现在变形后的网格中会出现一条明显的畸变带，他们将这条畸变带就定义为临界滑面。取剪涨角为零意味着完全忽略岩土材料的剪涨特性，而仅突出其剪切变形。果然在使用他们的程序并取非零的剪涨角后，发现这条畸变带并不明显；而且即使将剪涨角取为零，所使用的网格也必须相当规则密集，否则也难以出现畸变带；此外，当边坡内含有软硬相差较大的材料时，畸变带也难以出现。Zheng等[62]揭示了基于常规的位移型有限元难以出现畸变带的根本原因。

还有一种常见的经验性方法，如Geo-Slope公司的软件产品Geo-Sigma等，则是根据分析者的经验，手工指定一系列线段和圆弧的组合作为可能的滑移路径，从中找出具有最小Fellenius安全系数的滑移路径，并将其作为临界滑面。这对于简单边坡而言精度尚可，但对于由软硬相间的复杂介质所组成的边坡，由于其临界滑移线非常复杂，往往会出现多个拐点[54]，这时根据分析者的经验很难再想象出临界滑移线的形态，所以采用上述方法的估算误差是很大的。而且一直以来，安全系数的 Fellenius 定义的物理意义及其在评价边坡稳定性的合理性方面是受到一部分学者的质疑[68]。Zheng 等[64]的研究成果表明：对应于 Fellenius 定义的临界滑面通常要浅于对应于 Bishop 定义的临界滑面，所以基于 Fellenius 定义的临界滑面来进行边坡加固设计可能是偏于危险的。

1.1.3 边坡三维分析方法

对三维边坡研究最早的当属极限平衡法，但是，这些方法大多基于二维极限平衡法的思路。例如，Anagnosti[121]基于的是 Morgenstern-Price 法；Baligh 等[122]、Azzouz 等[123-124]、Gens 等[125]基于的是 Fellenius 法；Hovland[126]、Ugai[127]等基于的是一般条分法；Chen 等[128-129]、Zhang[130]、陈祖煜[131]、张均锋等[132]基于的是 Spencer 法；Hungr[133]等基于的是 Bishop 法；Huang 等[134-135]、冯树仁等[136]、张均锋等[133]扩展了 Janbu 法；Lam 等[138]扩展了通用条分法；等等。早期还有一些学者采用其他方法进行三维边坡稳定性分析，如 Leshchinsky 等[139]、Ugai[140]、Barker 等[141]将变分法与极限平衡法联合求解，Giger 等[142]采用上限定理等。尽管三维极限平衡分析具有重要意义，但是以上三维极限平衡法及其计算程序还远远不能满足工程需要，仅仅限于研究领域。Stark 等[89]在考察了主流的三维分析方法和程序后指出，所有的方法和程序都存在引入过多假定的缺陷，但很多假定没有任何物理意义，因而与工程实际情况相对照时也存在很多局限。Duncan[45]、陈祖煜[2]等对截至 2002 年的三维极限平衡法进行了全面的概述和总结。2007 年，郑宏[143]提出的严格三维极限平衡法，是基于滑面应力分布的自然形式并通过分片插值来逼近的整体分析方法；同时，朱大勇等[93]将滑面的法向应力表达为一个瑞典法的法向应力乘以坐标 x 和 y 的一个非完整二次多项式，给出了三维边坡的严格极限平衡解答。邓东平和李亮[144-145]等基于滑动面法向应力的简单计算模式及莫尔-库仑强度准则，多个计算参数使用于对滑动面应力进行合理假设，并依据三维滑动体所满足的静力平衡条件，推导三维边坡稳定性极限平衡解答；还建立了通用于准严格法和非严格法的三维极限平衡解答。针对三维蠕动边坡，周小平等[146]提出了基于位移的严格极限平衡法，可用来求解三维蠕动边坡的长期安全系数。

从二维扩展到三维的研究中，相对于极限平衡法，有限元方法在理论上则比较简单。早在 20 世纪 70 年代，Eisenstein 等[147]、Cathie 等[148]就采用线弹性及非线弹性应力-应变关系将三维有限元与二维进行过对比研究。利用三维自适应有限元和超弹塑性大变形分析方法，Boris[149]分析了三维边坡的破坏机制。采用强度折减法，Wei 等[156]研究了三维边坡的破坏形态。

除极限平衡法和有限元方法外，应用于三维分析较多的还有极限分析法。边坡的三维极限分析法均源于二维极限分析法，其基本原理与二维相同，这方面的研究成果也不少。采用莫尔-库仑强度准则与关联流动法则，Michalowski[151]在极限分析上限法的基础上，提出了适用于均质土坡的三维边坡稳定性分析方法。这种方法在求解时，将三维滑体划分为一族块体，其中块体的交界面与滑体对称轴必须垂直，采用二维的方法构造速度场。后来，Soubra 等[152]和 Farzaneh 等[92]发展了 Michalowski[151]的方法，分别将其应用于求解三维挡土墙的被动土压力问题和三维非均质边坡的稳定性问题。Chen 等[153-154]采用上限方法解决了三维多块体的破坏结构问题，发展了基于塑性力学上限原理的三维边坡稳定性分析方法，并提出了一种构造任意形状滑动面的方法，并且在此基础上提出了利用优化方法搜索临界滑动面的方法。Chen 等[155]提出了一种简化的三维边坡稳定性分析极限平衡法，但其前提是条柱间的作用力相互平行且部分剪切分量不计，Chen[156]、陈祖煜[157]通过严格的数学推导，证明了楔体在摩擦角剪胀时相应的安全系数获极大值，提出了楔体问题的广义解，并通过离心模型试验进行了验证，从而在楔形体稳定分析领域基于莫尔-库仑强度准则和关联流动法则证明了潘家铮极值原理。在此基础上，孙平[158]提出了建立在非关联流动法则基础上的三维极限分析法。

极限分析法建立在三个基本假定的基础上，即材料为理想刚塑性体、微小变形及材料遵守关联流动法则。研究表明，符合关联流动法则的材料，其强度要高于非关联流动法则的材料强度。而实际的岩土材料大多不符合关联流动法则，这就意味着极限分析高估了土体稳定的安全系数或极限承载力。但它毕竟考虑了岩土体的应力-应变关系，因而能提供比极限平衡法在理论上更严格的结果[15]。

1.2 极限平衡法

极限平衡法根据静力平衡条件和极限平衡条件求得滑动面上力的分布从而求得安全系数。大多数稳定分析的主要目的是根据极限平衡判定边坡的安全系数。首先，假定一个滑动面。极限平衡中，滑动面上剪应力表达式为

$$\tau=\frac{s}{F_s} \tag{1.1}$$

式中：τ 为剪应力；s 为抗剪强度；F_s 是安全系数。

根据莫尔-库仑强度准则，抗剪强度为

$$s=c+\sigma_n\tan\varphi \tag{1.2}$$

式中：c 为黏聚力；σ_n 为法向应力；φ 为内摩擦角。

c 和 φ 均为岩土强度参数。若安全系数已知，可以通过式（1.1）求出破坏面的剪应力。在极限平衡法中，只有静力学方程被应用。但是，在边坡稳定分析中，除极少的简单情况外，大多数边坡问题中未知量的个数远大于方程的个数，属于超静定问题。因此，为了求得安全系数，做了一些简单的假设来增加方程个数，使方程的个数和未知量的个数相等。下面分别对静定和超静定问题做简单介绍。

1.2.1 静定问题

下面两种情况分别是平面失稳和圆弧面失稳。

第一种情况是平面失稳。图 1. 1 为一斜坡的受力情况。假定滑面为斜坡表面，W 为重力，N 为破坏面法向力，破坏面的切向力 T 为

$$T = \frac{C' + N\tan\varphi}{F_s} \tag{1.3}$$

式中：C'为总黏结力，其等于黏聚力 c 和破坏面的乘积。

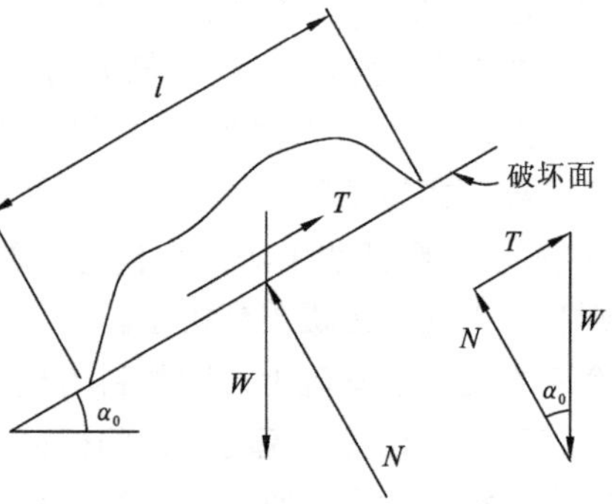

图 1.1　平面静定问题受力模型

式（1.3）中含有三个未知数，即安全系数 F_s、N 的大小和作用点。按照静力学有三个平衡方程：所有法线方向力为 0，所有切线方向力为 0，关于任意点的力矩为 0，W、T 和 N 相交于一点。已知 W 的大小和方向、N 和 T 的方向，N 和 T 的大小可以通过图 1. 1 的图解和式（1.3）求得。因为所有作用于破坏面的力的大小、方向和作用点位置能够通过静力学求得，所以该问题称为静定问题。通过式（1.3）可以得到求解安全系数的方程：

$$F_s = \frac{cl + W\cos\alpha_0\tan\varphi}{W\sin\alpha_0} \tag{1.4}$$

式中：l 为破坏面长度，同时也为单位厚度的破坏面的面积；α_0 为坡角。

从式（1.4）可以看出，对于静定问题，安全系数为破坏面上阻滑力与下滑力的比值。

第二种情况是圆弧面失稳。φ 为零的破坏面，即纯黏性土边坡，如图 1.2 所示。当 $\varphi = 0$ 时，阻滑力仅由黏聚力提供。假设整个破坏面上黏聚力均匀分布，如图 1.2（a）所示，可将黏聚力分解为垂直于弦和平行于弦两部分，平行于弦的部分同向可以叠加，垂直于弦的部分反向相互抵消。因此，黏聚力的合力大小为 cL_c，平行于弦，L_c 为弦长，切向力为

$$T = \frac{cL_c}{F_s} \tag{1.5}$$

从圆心到切向力 T 的距离 d，可以通过圆弧中点 O 测得，如 $cL_cd = cL_bR$，或者

$$d = \frac{RL_b}{L_c} \tag{1.6}$$

式中：L_b 为弧长。

已知重力 W 作用点和切向力 T，其交点 O' 可以作图求得，如图 1.2（b）所示，为满足力矩平衡，法向力 N 一定通过交点 O'，因此所有的法向力 N 也必须通过点 O，N

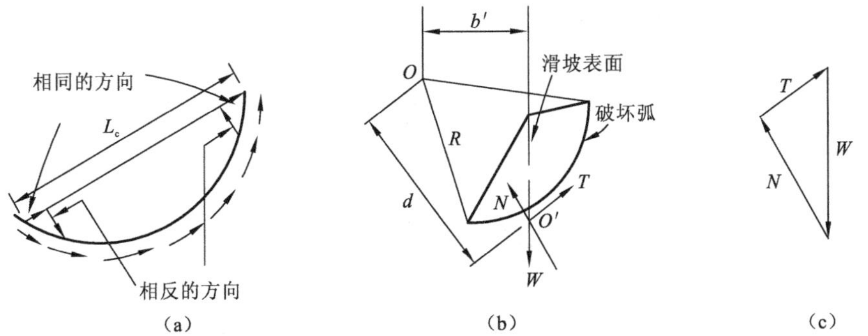

图 1.2　内摩擦角为零的静定圆弧滑面

b'为圆心至重心的水平距离；R 为圆弧半径

的方向可以通过连接 O 和 O' 点确定。已知 W 的大小和方向、T 和 N 的方向，T 的大小可以通过力的图解求得，如图 1.2（c）所示，安全系数可通过式（1.5）解得。因为所有作用于破坏面的力的大小、方向和作用点位置能够通过静力学求得，所以该问题称为静定问题。

通过 O 点的弯矩平衡代数求解安全系数更加简便：

$$Td = Wb' \tag{1.7}$$

将式（1.5）和式（1.6）代入式（1.7），得

$$F_s = \frac{cL_b R}{W_b} \tag{1.8}$$

对于静定问题，从式（1.8）可以看出安全系数为破坏面上阻滑力与下滑力的比值。求解式（1.8）的难度在于如何确定阻滑力矩 W_b。为此，图 1.3 将滑体分为几部分来计算重力作用点。

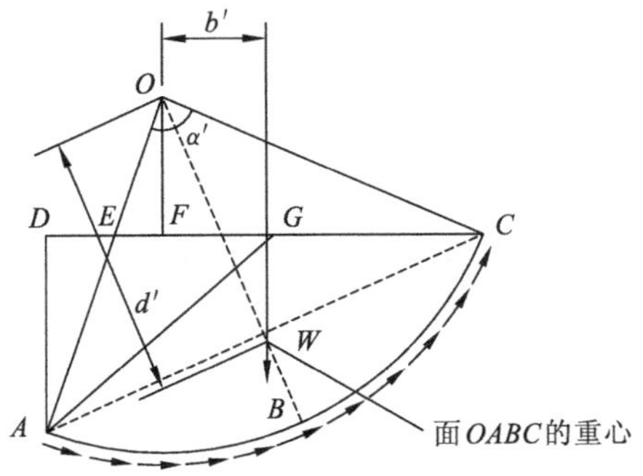

图 1.3　计算重力作用点

$$\text{区域 } ABCG = \text{区域 } OABC - \Delta OFC - \Delta OEF - \Delta AGD + \Delta AED \tag{1.9}$$

其中，

$$\text{区域 } ABCG = \pi R^2 \alpha'/360$$

式中：R 为圆弧的半径；α'为圆心角或者两个半径之间的角。

$OABC$ 的重心作用点在圆心角的角平分线上，距离圆心的距离为

$$d' = \frac{4}{3}R\left[\frac{\sin\left(\frac{\alpha'}{2}\right)}{\alpha'}\right] \tag{1.10}$$

每个三角形的面积比较容易求得，三角形重心到顶点的距离等于它到对边中点距离的两倍。

1.2.2 超静定问题

除图 1.1 和图 1.2 展示的简单情况外，大多数工程问题都是超静定问题。如图 1.4（a）所示，隔离体受重力 W 及在两个底部破坏面上的法向和切向力作用。通过力和力矩平衡分析，有 5 个未知数，但仅有三个方程。这 5 个未知数是安全系数 F_s、N_1 的大小和作用点、N_2 的大小和作用点。一旦安全系数确定，破坏面上的切向力 T_1 和 T_2 可确定。因为方程的个数多于未知数的个数，所以这个问题属于超静定问题。

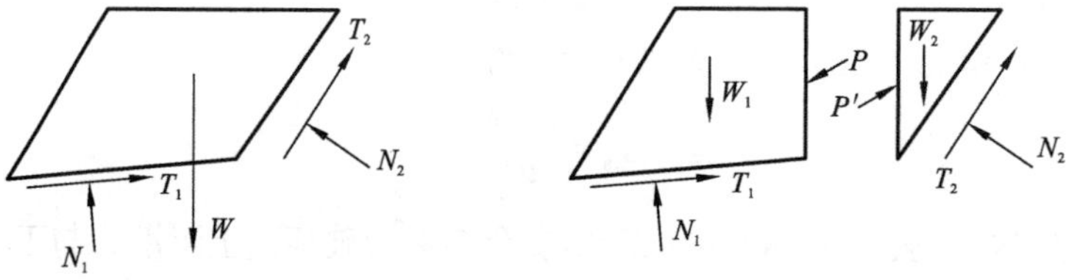

（a）隔离体整体受力图　　（b）隔离体分块后受力图

图 1.4　超静定问题

如果仅仅考虑力平衡，有安全系数、N_1 和 N_2 的大小三个未知数，但是仅有两个方程。为了使问题静定可解，如图 1.4（b）所示，将土体分成两个块体，假定条间力 P 作用位置。每个块体有两个平衡方程，方程数等于未知数（安全系数及 P、N_1、N_2 的大小）。P 为水平时，块体间无摩擦，安全系数最小。安全系数随着 P 倾角的增大而增加。通过调整 P 的倾向来求得合理的安全系数。

条分法是应用于圆弧或者非圆弧破坏面的方法。如图 1.5 所示，条分法一般是将滑动土体分成若干土条，然后将土条作为隔离体进行受力分析。将滑动土体分成若干土条后，土条宽度 b_i 较小，假定法向力作用于破坏面中点。在隔离体中，除了重力 W_i 外，切向力 T_i 与安全系数相关，可通过式（1.3）求得。未知力为安全系数 F_s、土条侧向的切向力 H_i、土条侧向的法向力 P_i、竖直距离 h_R、法向力 N_i。如果将滑动土体分成 n 个条块，未知量个数是 $4n-2$，见表 1.1。

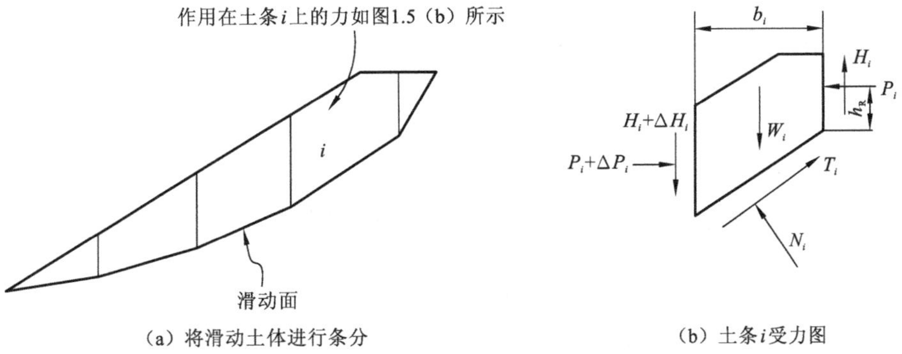

图 1.5　条分法

表 1.1　滑动土体划分条块数目与未知量个数详情

未知数	总个数
F_s（与 T_i 相关）	1
N_i	n
P_i	$n-1$
H_i	$n-1$
h_i	$n-1$
总数	$4n-2$

每个条块有三个方程：两个力方程和一个力矩方程，整个滑动土体方程个数为 $3n$。因此，待求未知量个数与方程个数的差为 $n-2$。如果要求解问题，只能对两个土条间的力进行假设。

1.3　本书主要内容

本书从传统的条分法出发，以建立边坡严格三维极限平衡法为目标，结合大型工程实践，较为系统地研究边坡严格三维极限平衡法的分析过程；针对一般边坡模型、有加固措施的边坡及水荷载作用下的边坡，系统地阐述稳定性分析方法。结合三峡库区等滑坡，进行有针对性的应用研究，为解决工程所涉及的相关问题提供丰富的资料和可靠的依据。

本书的主要内容如下。

（1）系统地介绍几种不同的极限平衡法，如全局弯矩平衡法、一般条分法、简化 Bishop 法、瑞典法、简化 Janbu 法、一般 Janbu 法、Spencer 法、一般极限平衡法、Sarma 法及传递系数法等。对极限平衡法中的重要方程及这些方程的特殊解法进行简要说明，分析比较了各种极限平衡法的特点。

（2）介绍边坡稳定性分析的无条分法的基本原理，不同于其他条分法，此方法取整个滑体而不是单个条块为研究对象，将域积分转化成边界积分。提出合理且简单的滑面正应力修正技术，采用平衡条件的三力矩形式而不是通常所采用的基本形式来建立滑体的平衡方程组。

（3）为了利用整体分析法和局部分析法各自的优点，基于 Morgenstern-Price 法关于条间力的假定，得到滑面上的正应力分布的表达式。此外，对得到的滑面上的正应力进行三种不同方式的修正，并分别进行讨论。研究三种不同的正应力表达式对安全系数、滑面上正应力及推力线的影响。

（4）在基于 Morgenstern-Price 假设推导出滑面上正应力的表达式的基础上，以整体平衡方程、滑面上正应力和推力线合理性为约束条件，建立基于潘家铮极值原理的优化模型。

（5）针对目前存在于三维极限平衡法中的主要问题，提出了严格三维极限平衡方法，该方法基于滑面法向应力分布假定，并取整个滑体为受力体，使 6 个平衡条件均得以满足，对所建立的方程组，从理论上证明了解的存在性，也给出了确保安全系数为正的充分性条件，然后将平衡方程组中的体积分都转化为边界积分，从而在分析前仅需对滑体表面进行剖分，而不必再对整个滑体进行条分。

（6）针对加固措施和水荷载等复杂条件下的边坡稳定性，本书提出了相应的计算方法。

（7）针对三峡库区某滑坡体和湖南某水库扩建工程近坝滑坡体防治工程等，采用本书的研究成果，对滑坡体的稳定性进行评价。

第 2 章　传统条分法

条分法是用来分析非均质土及地下水状况下边坡稳定性非常有用的工具。该问题为超静定问题，要使问题可解需要做些简单的假设。本章对几种不同的极限平衡法进行介绍：全局弯矩平衡法、一般条分法、简化 Bishop 法[5]、Spencer 法[9-10]及 Morgenstern-Price 法[8]等。简化 Bishop 法适用于圆弧滑面，Spencer 法适用于非圆弧滑面及复合滑面。本章对极限平衡法中的重要的方程及这些方程的特殊解法进行简要说明。

满足全局弯矩平衡法只考虑整体弯矩平衡，仅适用于圆弧滑面，其不考虑在任何方向上力的平衡。瑞典条分法[2]、一般条分法和简化 Bishop 法[5]均属于此类。瑞典条分法适用于非均质边坡，计算简单，是条分法中最简单最古老的一种。一般条分法是考虑水压力作用根据浮重度对瑞典条分法进行的修正。这两种方法均是忽略条间力影响的简化方法。一般条分法得到的安全系数一般低于简化 Bishop 法。在简化 Bishop 法中条间力简化为水平力。其对于单个条块不满足弯矩或水平力平衡，满足整体弯矩平衡和竖向力的平衡。尽管简化 Bishop 法不是完全满足方程平衡，但是该法取得的结果精度较高，成为工程中近似圆弧破坏面的常规方法。Bishop 对比其用简化 Bishop 法和另一种更严密的方法求得的安全系数，他发现竖直条间力假定为零只是使安全系数减小了 1%，没有引起其他明显的错误。非圆弧滑面假定任意一点为弯矩中心，仅仅考虑在竖直方向力的平衡，不考虑水平方向，若分别取弯矩中心在两个高程，用简化 Bishop 法计算将会得到两个不同的安全系数，因此简化 Bishop 法仅适用于圆弧滑面。

传统 Spencer 法[9-10]假定所有的条间力相互平行且与水平方向的夹角是待求角度 δ。其考虑所有弯矩平衡、整体在 δ 方向的力平衡及每个条块在垂直于 δ 方向的力平衡。因为该法满足在两个垂直方向的力平衡，所以其适用于弯矩中心任意假定的非圆弧滑面法。Spencer 法[10]是对传统 Spencer 法的发展，其同样满足所有条块的弯矩平衡。传统 Spencer 法计算安全系数总是收敛的，Spencer 法有时则会遇到收敛问题。

一些方法仅考虑在每个条块上的力平衡。一旦单个条块的力平衡满足，整体力平衡会自然满足。尽管没有明确考虑弯矩平衡，但是若假定条间力倾角隐含满足弯矩方程，会自然产生准确的计算结果。条间力的倾角对安全系数影响较大。根据条间力的倾角，可以得到许多工况下的安全系数。使用力方程法要慎重，使用者要对条间力的假定有清晰的了解。包括 Janbu[3-4]、Lowe 等[6]和 USACE[7]等的方法均属于此法。Janbu 提议的力平衡法对比其他的更复杂的同时要考虑每个条块的弯矩平衡的方法被称为简化 Janbu 法。在简化 Janbu 法中，因为简化条间力为水平力，所以其获得的安全系数小于其他更严格的方法。为了增大安全系数，Janbu[3-4]等提出使用滑体与土的类型相关的深度和长度的比率进行修正。Lowe 等[6]认为条间力为坡面和破坏面的平均倾向，而 USACE[7]认为条间力平行于坡面。Lowe 等关于条间力方向的假定是最合理的，其求得的安全系数与满足全部静力平衡条件的方法较为接近。

Spencer 法[10]、Janbu 法[3-4]和 Morgenstern-Price 法[8]均是严格满足全部静力平衡条件的方法，它们考虑在每个条块上的弯矩与力的平衡。若在每个条块上满足弯矩和力的平衡，那么整体弯矩和力的平衡将会自然满足。这些方法的基本概念是相同的，不同的是在条间力方面的假定。在全部静力平衡满足的条件下条间力的假定对安全系数影响较小，这些方法适用于任意滑动面。与传统 Spencer 法类似，Spencer 法假定条间力相互平行且与水平面的夹角为 δ。不同的是传统 Spencer 法考虑整体弯矩平衡，Spencer 法考虑每个条块的弯矩平衡。力平衡用来求解安全系数 F_s，弯矩平衡求解 δ。F_s 和 δ 是相关的，在计算过程中要反复迭代试算直到结果收敛。Janbu 法任意假定条间力的作用点或作用线，其容易使用，计算速度较 Spencer 法快；其方程数比未知量数少一个，安全系数较难收敛于要求的误差。Morgenstern-Price 法根据条间法向和切向力的关系进行假定。当根据假设求出计算结果后，包括条间力在内的参数一定要检验其合理性，若不合理则重新试算。Bishop[5]指出正确安全系数取值很窄，任何合理的力的分布和大小的假设应该得出相同的安全系数。

2.1 全局弯矩平衡法

图 2.1 表示一个圆弧滑动土体的截面。将滑动土体分成若干土条，土条编号为 i。土条宽为 b_i、重力为 W_i、底部角度为 α_i。土条间中部作用有水平向地震力 K_cW_i，在破坏面上作用有静水压力 U_i，在坡面上作用有线荷载 L_i。K_c 为地震系数，i 为滑动土体中的一个土条。改变下标 i，力和重量同样适用于其他条块。考虑水荷载作用，破坏面左侧水压力为 P_1，右侧水压力为 P_2。从中心点到各个力的力矩如图 2.1 所示。

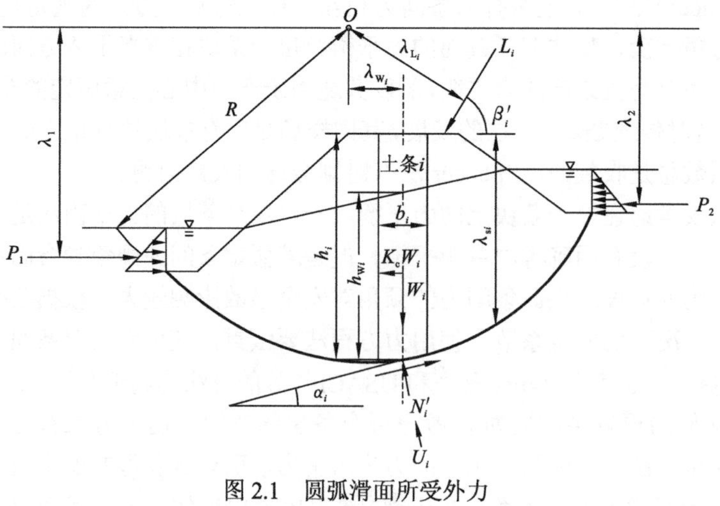

图 2.1 圆弧滑面所受外力

λ_1 为 P_1 作用点到圆心 O 的距离；λ_{W_i} 为条块重力到圆心 O 的距离；λ_{L_i} 为荷载 L_i 到圆心 O 的距离；

λ_{si} 为黏聚力到坡顶距离；λ_2 为 P_2 作用点到圆心 O 的距离；β_i' 为线荷载 L_i 的倾角

根据莫尔-库仑强度准则，土的剪应力为

$$\tau = c' + (\sigma_{\mathrm{n}} - u)\tan\varphi' \tag{2.1}$$

式中：c'为有效黏聚力；σ_{n}为滑动面总法向应力（正应力）；u 为滑面水压力（孔隙水压力）；φ'为有效内摩擦角。土条 i 底部的切向力为

$$T_i = \frac{c_i' b_i \sec\alpha_i + N_i' \tan\varphi_i'}{F_{\mathrm{s}}} \tag{2.2}$$

式中：N_{i}'为破坏面有效法向力。

破坏面上静水压力 U_i 为

$$U_i = u_i b_i \sec\alpha_i \tag{2.3}$$

静水压强 u_i 通过土条 i 的底部到潜水面的位置确定。从土条中部画垂线可以确定潜水面到土条底部的距离 $h_{\mathrm{w}i}$，则静水压强为

$$u_i = r_{\mathrm{w}} h_{\mathrm{w}i} \tag{2.4}$$

式中：r_{w} 为水的单位重度。

如果已知孔隙率 r_{u}，则

$$u_i = r_{\mathrm{u}} \gamma h_i \tag{2.5}$$

式中：γ 为重度；h_i 为土条高度。

如果在潜水面中，超孔隙水压力是由于新的土体产生的，式（2.5）中 h_i 是新土条的高度而不是土条的总高度。U_i 和 N_i'的和是破坏面上总法向力。

如图 2.1 所示的圆弧滑面，所有土条关于 O 点的总弯矩如下面平衡方程式所示：

$$\sum RW_i \sin\alpha_i - R\sum \frac{c_i' \sec\alpha_i + N_i' \tan\varphi_i'}{F_{\mathrm{s}}} + \sum K_{\mathrm{c}} W_i \lambda_{\mathrm{s}i} + \sum L_i \lambda_{\mathrm{s}i} - P_1\lambda_1 + P_2\lambda_2 = 0 \tag{2.6}$$

式中：R 为圆弧的半径。

法向力 U_i 和 N_i'通过圆心，力矩为零。土条的两个侧面存在的条间作用力为内力，两相邻土条间作用力大小相等方向相反，在整个滑动土体中合力为零。对式（2.6）整理后得

$$F_{\mathrm{s}} = \frac{R\sum (c_i' b_i \sec\alpha_i + N_i' \tan\varphi_i')}{\sum RW_i \sin\alpha_i + K_{\mathrm{c}} \sum W_i \lambda_{\mathrm{s}i} + \sum L_i \lambda_{\mathrm{L}_i} - P_1\lambda_1 + P_1\lambda_2} \tag{2.7}$$

除了有效的法向力 N_i'，方程中的其他参数均为已知或可以通过分析取得。因为 N_i' 的值与两土条间的力相关具有不确定性，所以一般做些假设去解 N_i'。例如，Fellenius 法和一般条分法假定两土条间无力的作用，可以通过力在法向或者 N_i' 方向的平衡来求 N_i' 的值。简化 Bishop 法认为条块间只有水平力 P_i 而不存在切向力 H_i，可以通过所有力在垂直方向的平衡来求 N_i'。初始 Spencer 法假定所有的条间力与水平方向的角度为 δ，可以通过 δ 垂直方向力的和来求得 N_i'。式（2.7）可以用于一般条分法、简化 Bishop 法和传统 Spencer 法求安全系数。

对于非圆弧滑面，如图 2.2 所示，选择任意点 O 作为弯矩圆心。因为不确定 R，N_i'和 U_i 不一定通过圆心，用 λ_{T_i} 代替 R，增加 $(N_i' + U_i)\lambda_{\mathrm{N}_i}$ 作为倾覆力矩，将式（2.7）修正为

$$F_s=\frac{\sum\lambda_{\mathrm{T}i}(c_i'b_i\sec\alpha_i+N_i'\tan\varphi_i')}{\sum W_i\lambda_{\mathrm{w}i}+K_c\sum W_i\lambda_{\mathrm{s}i}+\sum L_i\lambda_{\mathrm{L}i}-P_1\lambda_1+P_2\lambda_2-\sum\lambda_{\mathrm{N}i}(N_i'+U_i)} \tag{2.8}$$

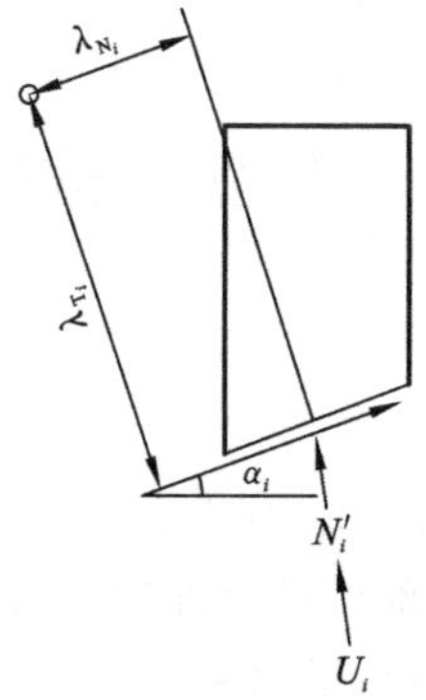

图 2.2　非圆弧滑面法向和切向的弯矩

λ_{N_i} 和 λ_{T_i} 分别为滑面法向力和切向力与圆心的距离

对于非均匀土体的情况，将式（2.7）应用于圆弧部分，式（2.8）应用于非圆弧滑面。

为了保证任意选择的圆心 O 对于安全系数没有影响，要保证所有的力在两个垂直方向平衡。在一般条分法中考虑在任一个条块破坏面正方向力的平衡，但是条块与条块的方向在发生改变，因此对于整个滑动土体来说没有单一方向的平衡是满足的。简化 Bishop 法考虑在竖直方向的力的平衡。如果每个条块在竖直方向上力的平衡满足，整个滑动土体在竖直方向力的平衡自然满足。因为对于任一水平方向未满足力平衡的条块，虽然 x 坐标的选择对于安全系数没有影响，但是对于不同 y 坐标的弯矩中心将会产生两个不同的安全系数。因此简化 Bishop 法和一般条分法均不适用于分析非圆弧滑面，一般推荐使用满足所有方程平衡的 Spencer 法。

2.2　一般条分法

一般条分法与 Fellenius 法相似，均假定两个条块间的力为零。图 2.3 为非圆弧滑面的一个条块。

鉴于非圆弧滑面工况相对于圆弧滑面较复杂，对其做了详细说明。假定 $\lambda_{N_i}=0$，$\lambda_{T_i}=R$，该方程同样适用于圆弧滑面。

对破坏面法线方向的力进行求和，得

$$N_i'=W_i'\cos\alpha_i-K_{ci}W_i\sin\alpha_i+L_i\sin\beta_i'\cos\alpha_i-L_i\cos\beta_i'\sin\alpha_i \tag{2.9}$$

式中：β_i' 为线荷载 L_i 的倾斜角；W_i' 为浮重度，

$$W_i'=W_i-u_ib_i \tag{2.10}$$

若从式（2.9）解得的 N_i' 为负方向，则不存在摩阻力，式（2.7）或式（2.8）中的 $\tan\varphi_i'$ 为 0。已知 N_i'，式（2.7）适用于求圆弧滑面的安全系数，式（2.8）适用于求非

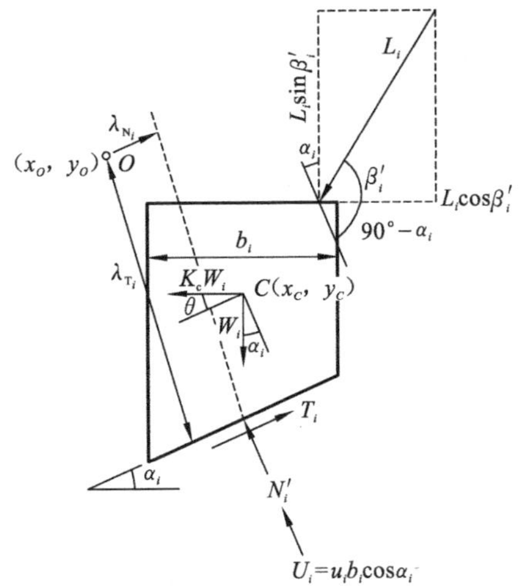

图 2.3　一般条分法条块的受力示意图

圆弧滑面的安全系数。式（2. 8）中 $W_i\lambda_{W_i}=\lambda_{T_i}W_i\sin\alpha_i+\lambda_{T_i}W_i\cos\alpha_i$、$N_i'+U_i=W_i\cos\alpha_i$，则式（2. 8）和式（2. 7）是相同的。因此，对于一般条分法，用 λ_{T_i} 替换 R，式（2. 7）同样适用于非圆弧滑面。

要求得安全系数，方程的数目必须和未知量个数相同。将滑动土体分成 n 个条块，方程的个数和未知量的个数见表 2. 1。

表 2. 1　方程个数与未知量个数

方程		未知量	
说明	个数	说明	个数
破坏面法向力	n	有效法向力 N_i'	n
总弯矩方程	1	安全系数 F_s	1
总数	$n+1$	总数	$n+1$

一般条分法的应用十分简单。首先通过式（2. 9）确定 N_i'，然后通过式（2. 7）或式（2. 8）计算安全系数。方程中的每个量不需要迭代均能确定。

2. 3　简 化 Bishop 法

简化 Bishop 法[5]被称为方法 2，是目前工程中最常用的一种方法。它适用于圆弧滑面，计算结果与严格的极限平衡分析法较为接近。假定条块间只有水平力同时考虑每个条块竖直方向力的平衡，不用确定条块间水平力即可以求出有效法向力 N_i'。

图 2. 4 是从圆弧滑动体中取出土条 i 用简化 Bishop 法进行分析，根据竖直方向力平衡条件，得

$$W_i - \frac{c_i' b_i \sec\alpha_i + N_i' \tan\varphi_i'}{F_s}\sin\alpha_i + L_i \sin\beta_i' - N_i'\cos\alpha_i - u_i b_i = 0 \tag{2.11}$$

或

$$N_i' = \frac{F_s(W_i' + L_i \sin\beta_i') - c_i' b_i \tan\alpha_i}{F_s \cos\alpha_i + \sin\alpha_i \tan\varphi_i'} \tag{2.12}$$

其中，

$$W_i' = W_i - u_i b_i$$

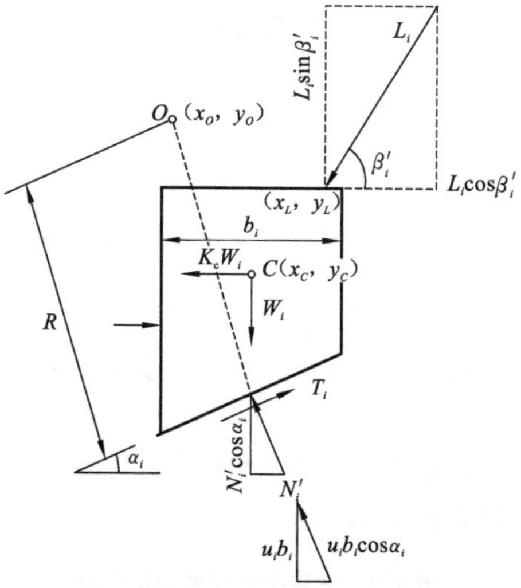

图 2.4　简化 Bishop 法的条块受力示意图

已知 N_i' 既可以通过式（2.7）求得圆弧滑面的安全系数又可以通过式（2.8）求得非圆弧滑面的安全系数。如果 N_i' 是负的，式（2.7）、式（2.8）和式（2.12）的 $\tan\varphi_i'$ 应该为零。方程个数和未知量个数见表 2.1。

通过式（2.7）～式（2.9）可以看出，F_s 与 N_i' 相关联，因此要用迭代法求 F_s。首先，使用一般条分法确定安全系数，通过式(2.12)计算 N_i'。一旦 N_i' 确定，通过式(2.7)或式（2.8）计算新的安全系数。如此反复迭代，直到前后两次计算的安全系数 F_s 非常接近，满足精度要求为止。使用牛顿（Newton）法，安全系数收敛迅速，一般迭代 2～3 次即可达到精度要求。

2.4 瑞 典 法

瑞典法是最早的用条分法来评估边坡稳定性的分析方法。该方法假设所有土条的条件合力以平行于土条底部的角度倾斜。请注意该简化假设不能满足条间力平衡，因为相邻的土条底部倾角不同，这是该方法的主要缺点，并且导致作用在土条底部的有效应力计算不一致。

如图2.5所示，如果条间力被分解在垂直于土条底部的方向上，则

$$\sum F_{\alpha}=N'+u+k_{\rm h}W\sin\alpha-W(1-k_{\rm v})\cos\alpha-U_{\beta}\cos(\beta-\alpha)-Q\cos(\delta-\alpha)=0 \quad (2.13)$$

以上方程移项后可得N'，为

$$N'=-u-k_{\rm h}W\sin\alpha+W(1-k_{\rm v})\cos\alpha+U_{\beta}\cos(\beta-\alpha)+Q\cos(\delta-\alpha) \quad (2.14)$$

抵抗剪切破坏的安全系数定义为 $F_{\rm s}$，并假设对所有土条都一样，则每一个土条底部的莫尔-库仑破坏剪切强度$S_{\rm m}$为

$$S_{\rm m}=\frac{C'+N'\tan\varphi}{F_{\rm s}} \quad (2.15)$$

其中，C'和$N'\tan\varphi$分别为土的总黏结力和摩擦剪切强度。

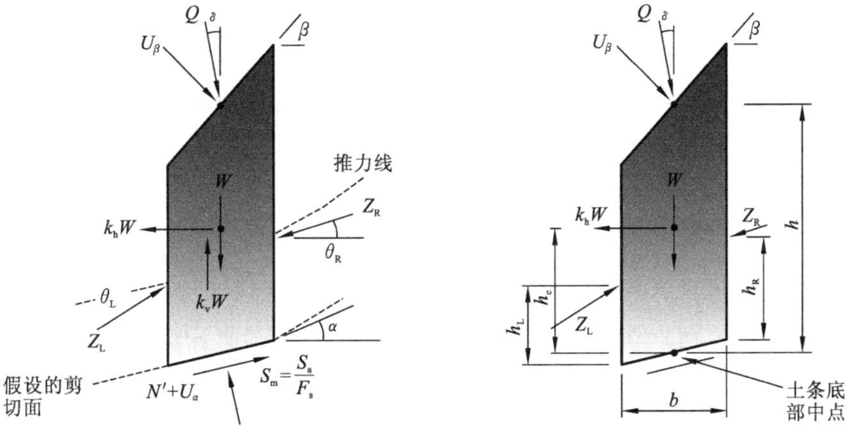

图2.5　土条受力图

$F_{\rm s}$为安全系数；$S_{\rm a}$为抗滑强度，为$C'+N'\tan\varphi$；$S_{\rm m}$为剪切强度；u为孔隙水压力；U_{β}为表面水压力；W为土条重力；N'为有效正应力；Q为附加荷载；$k_{\rm v}$为竖直地震系数；$k_{\rm h}$为水平地震系数；$Z_{\rm L}$为左边条间力；$Z_{\rm R}$为右边条间力；$\theta_{\rm L}$为左边条间力角度；$\theta_{\rm R}$为右边条间力角度；$h_{\rm L}$为力$Z_{\rm L}$的高度；$h_{\rm R}$为力$Z_{\rm R}$的高度；α为土条底部倾角；β为土条顶部倾角；δ为附加荷载倾角；b为土条宽度；h为土条平均高度；$h_{\rm c}$为土条重心高度

每一个土条上的作用力关于圆弧滑移面的圆心的所有力矩平衡由式（2.16）给出：

$$\sum M_0=\sum_{i=1}^{n}\left[W(1-k_{\rm v})+U_{\beta}\cos\beta+Q\cos\delta\right]R\sin\alpha$$
$$-\sum_{i=1}^{n}(U_{\beta}\sin\beta+Q\sin\delta)(R\cos\alpha-h)$$
$$-\sum_{i=1}^{n}S_{\rm m}R+\sum_{i=1}^{n}\left[k_{\rm h}W(R\cos\alpha-h_{\rm c})\right]=0 \quad (2.16)$$

式中：R为圆弧的半径；h为土条平均高度；$h_{\rm c}$为土条重心高度。

该表达排除了内部条间力的影响，因为它们的净合力矩为零。式（2.16）通过除以半径

可简化为

$$\frac{\sum M_0}{R}=\sum_{i=1}^{n}\left[W\left(1-k_{\mathrm{v}}\right)+U_{\beta}\cos\beta+Q\cos\delta\right]\sin\alpha$$
$$-\sum_{i=1}^{n}S_{\mathrm{m}}-\sum_{i=1}^{n}\left(U_{\beta}\sin\beta+Q\sin\delta\right)\left(\cos\alpha-\frac{h}{R}\right)$$
$$+\sum_{i=1}^{n}\left[k_{\mathrm{h}}W\left(\cos\alpha-\frac{h_{\mathrm{c}}}{R}\right)\right] \tag{2.17}$$

如果假设所有的土条的安全系数都是一样的，将式（2. 15）代入式（2. 16）得到

$$F_{\mathrm{s}}=\frac{\sum_{i=1}^{n}\left(C'+N'\tan\varphi\right)}{\sum_{i=1}^{n}A_1-\sum_{i=1}^{n}A_2+\sum_{i=1}^{n}A_3} \tag{2.18}$$

其中，

$$\begin{cases}A_1=\left[W\left(1-k_{\mathrm{v}}\right)+U_{\beta}\cos\beta+Q\cos\delta\right]\sin\alpha\\A_2=\left(U_{\beta}\sin\beta+Q\sin\delta\right)\left(\cos\alpha-\dfrac{h}{R}\right)\\A_3=k_{\mathrm{h}}W\left(\cos\alpha-\dfrac{h_{\mathrm{c}}}{R}\right)\end{cases} \tag{2.19}$$

N' 已由式（2. 14）给出。以上就是根据瑞典法的假设来计算安全系数的经常使用的方法。

2.5 简化 Janbu 法

简化 Janbu 法所用受力图见图 2.5。假设土条间没有剪力。每一个土条的几何性质是由沿着其中心线测量的高度 h、宽度 b 和其顶部和底部各自的倾角 α 和 β。

简化 Janbu 法对每个土条都满足竖直方向力的平衡，以及对整个土条体（如所有土条）满足水平力的平衡。每个土条竖直方向力的平衡由式（2. 20）给出：

$$\sum F_{\mathrm{v}}=\left(N'+U_{\alpha}\right)\cos\alpha+S_{\mathrm{m}}\sin\alpha-W\left(1-k_{\mathrm{v}}\right)-U_{\beta}\cos\beta-Q\cos\delta=0 \tag{2.20}$$

以上方程移项得 N'，为

$$N'=\frac{-u\cos\alpha-S_{\mathrm{m}}\sin\alpha+W\left(1-k_{\mathrm{v}}\right)+U_{\beta}\cos\beta+Q\cos\delta}{\cos\alpha} \tag{2.21}$$

抵抗剪切破坏的安全系数定义为 F_{s}，并假设对所有土条都一样，则每一个土条底部的莫尔-库仑破坏剪切强度 S_{m} 为

$$S_m = \frac{C' + N'\tan\varphi}{F_s} \tag{2.22}$$

其中，C'和 $N'\tan\varphi$ 分别为土的总黏结力和摩擦剪切强度。将式（2. 22）代入式（2. 21），作用在土条底部的有效正应力可以被确定为

$$N' = \frac{1}{m_\alpha}\left[W\left(1-k_v\right) - \frac{C'\sin\alpha}{F_s} - u\cos\alpha + U_\beta\cos\beta + Q\cos\delta\right] \tag{2.23}$$

其中，

$$m_\alpha = \cos\alpha\left(1 + \frac{\tan\alpha\tan\varphi}{F_s}\right) \tag{2.24}$$

接下来，土条体的所有土条的水平力平衡。在这种情况下，对单个土条 i 而言，

$$\left[F_h\right]_i = \left(N' + u\right)\sin\alpha + Wk_h - U_\beta\sin\beta - Q\sin\delta - S_m\cos\alpha \tag{2.25}$$

然后将式（2. 22）中的 S_m 代入并移项，土条体的所有水平力的平衡即可由式（2.26）给出：

$$\begin{aligned}\sum_{i=1}^{n}\left[F_h\right]_i &= \sum_{i=1}^{n}\left[\left(N' + u\right)\sin\alpha + Wk_h - U_\beta\sin\beta\right] \\ &\quad - \sum_{i=1}^{n}\left(Q\sin\delta + \frac{C' + N'\tan\varphi}{F_s}\cos\alpha\right) \\ &= 0\end{aligned} \tag{2.26}$$

将式（2. 26）移项得到以下表达式：

$$\sum_{i=1}^{n}\left[\left(N' + u\right)\sin\alpha + Wk_h - U_\beta\sin\beta - Q\sin\delta\right] = \sum_{i=1}^{n}\left[\frac{1}{F_s}\left(C' + N'\tan\varphi\right)\cos\alpha\right] \tag{2.27}$$

如果每个土条都有相同的安全系数，则 F_s 为

$$F_s = \frac{\sum_{i=1}^{n}\left(C' + N'\tan\varphi\right)\cos\alpha}{\sum_{i=1}^{n}A_4 + \sum_{i=1}^{n}N'\sin\alpha} \tag{2.28}$$

其中 N' 由式（2. 23）给出，A_4 为

$$A_4 = u\sin\alpha + Wk_h - U_\beta\sin\beta - Q\sin\delta \tag{2.29}$$

式（2. 28）实质上代表了沿着滑移面的有效剪切强度与驱动剪切强度之比。该形式可以确定有效应力状态，并且如果 N' 计算出来小于零，可做出适当的修正，这会在 2. 6 节中讨论。

简化 Janbu 法的安全系数由计算得到的 F_s 乘以一个修正系数 f_0 得到。该修正系数是土体的几何性质和强度参数的函数。图 2. 6 表明了关于边坡几何性质的函数 f_0 在不同类型的土体下的变化情况。

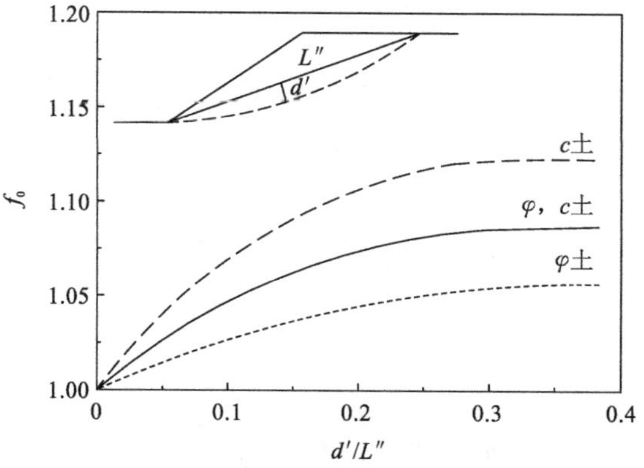

$$F_{\mathrm{s\,Janbu}} = f_0 \cdot F_{\mathrm{s\,calculated}}$$

图 2.6　简化 Janbu 法的修正系数

L''为坡顶上缘到坡脚距离；d'为滑面至L''的垂线距离

Janbu 提出这些曲线是为了尝试补偿简化方法中忽略条间剪力（$Z\sin\alpha$）的假设。Janbu 接着分别用简化法和严格法（即满足完全平衡）对同质土的同样边坡进行计算。简化法和严格法的安全系数值之间的比较就用来刻画图 2. 6 所示的修正曲线。

对于一个包括仅有 c 值的土、仅有 φ 值的土和两者均有的土在内的不同类型的土相交的面来说，选择一个合适的 f_0 还没有达成共识。如果有这样一个混合多种类型的土出现，通常用 c-φ 曲线来修正计算的安全系数值。

为了方便，这个修正系数也可以根据式（2. 30）来计算：

$$f_0 = 1 + m\left[\frac{d'}{L''} - 1.4\left(\frac{d'}{L''}\right)^2\right] \tag{2. 30}$$

其中，随土的类型 m 的不同：仅有 c 值的土，$m=0.69$；仅有 φ 值的土，$m=0.31$；两者都有的土，$m=0.69$。

式（2. 30）中合适的 m 值是根据沿着被分析的滑移面所相交的土层的类型来选择的。如果遇到了混合土类型，则使用上述表达式中描述的两者都有的土对应的 m 值。

2. 6　Spencer　法

Spencer 法[9-10]满足所有的平衡方程，是最精确的方法。图 2. 7 为最一般的状况，在条块右侧作用有法向力 E 和切向力 S。每个条块两侧法向力和切向力相差 ΔE 和 ΔS。在该法中假定 $S=E\tan\delta$，这点假设和一般 Spencer 法一样，不同的是该法假定弯矩中心点在每个条块中心。一般的方法首先假定 $S=0$，根据第一个方程假定 $S=0$，结合力方程求出 E、破坏面有效法向力 N'、破坏面切向力 T 和安全系数 F_s。然后根据力矩平衡确定倾角 δ 和新的切向力 S。使用 F_s 和新求得的 S 进行反复迭代，直至 F_s 收敛。

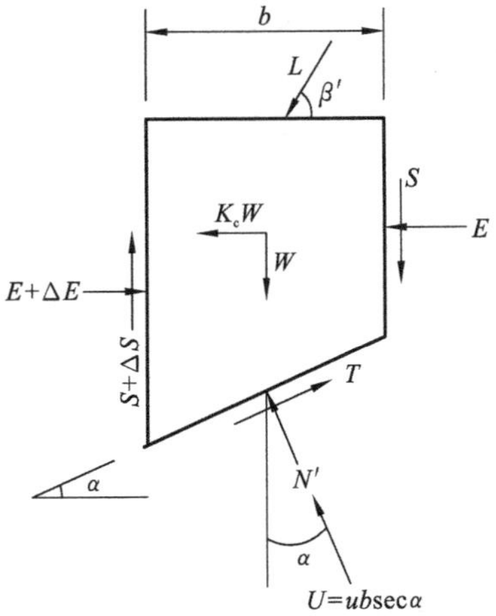

图 2.7　条块受力的一般情况

Spencer 法和 Morgenstern-Price 法[8]相比，假定两条块间的切向力 S 不仅与法向力 E 相关，而且在不同条块间按函数 $f(x)$ 变化，即

$$S = \lambda f(x)E \tag{2.31}$$

式中：λ 为未知量；$f(x)$ 可以为常数、线性函数、正弦曲线或者在每个竖直向的数值。

Spencer 法是 Morgenstern-Price 法 $\lambda = \tan\delta$ 和 $f(x)=1$ 的特例。这两种方法不同之处是 Morgenstern-Price 法在假定条间力方面更灵活。然而，当满足静态平衡方程时这个假定对于安全系数的影响较小。

2.6.1　每个块体的力方程

根据竖直方向力的平衡

$$N'\cos\alpha + T\sin\alpha + ub + \Delta S - W - L\sin\beta' = 0 \tag{2.32a}$$

或

$$N' = (W - ub - \Delta S)\sec\alpha - T\tan\alpha + L\sin\beta'\sec\alpha \tag{2.32b}$$

和

$$N' = (W' - \Delta S)\sec\alpha - T\tan\alpha + L\sin\beta'\sec\alpha \tag{2.32c}$$

其中，

$$W' = W - ub$$

没有下标 i，式（2.32c）可以写为

$$T = \frac{c'b\sec\alpha + N'\tan\varphi'}{F_s} \tag{2.33}$$

将式（2.32c）代入（2.33），得

$$T = \frac{c'b\sec\alpha + [(W' - \Delta S)\sec\alpha - T\tan\alpha + L\sin\beta'\sec\alpha]\tan\varphi'}{F_s} \tag{2.34}$$

从式（2.34）知，切向力 T 为

$$T=\frac{c'b\sec\alpha+[(W'-\Delta S)\sec\alpha+L\sin\beta'\sec\alpha]\tan\varphi'}{F_s+\tan\alpha\tan\varphi'} \tag{2.35}$$

根据水平方向力的平衡

$$\Delta E=N'\sin\alpha+ub\tan\alpha+K_cW+L\cos\beta'-T\cos\alpha \tag{2.36}$$

将式（2. 32c）代入式（2. 36），得

$$\Delta E=(W-\Delta S)\tan\alpha-T\sec\alpha+K_cW+L(\sin\beta'\tan\alpha+\cos\beta') \tag{2.37}$$

整体的水平力方程必须满足：

$$\sum\Delta E=P_2-P_1 \tag{2.38}$$

或

$$\sum T\sec\alpha=\sum(W-\Delta S)\tan\alpha+K_c\sum W+\sum L(\sin\beta'\tan\alpha+\cos\beta')-(P_2-P_1) \tag{2.39}$$

如果水压力为零，则 P_1 和 P_2 为零。

联立式（2. 34）和式（2. 39），得

$$F_s=\frac{\sum\{c'b\sec\alpha+[(W'-\Delta S)\sec\alpha-T\tan\alpha+L\sin\beta'\sec\alpha]\tan\varphi'\}\sec\alpha}{\sum(W-\Delta S)\tan\alpha+K_c\sum W+\sum L(\sin\beta'\tan\alpha+\cos\beta')-(P_2-P_1)} \tag{2.40}$$

联立式（2. 35）和式（2. 40）可以用于求 Spencer 法的安全系数。这两个方程中的 ΔS 通过弯矩方程确定。通过式（2. 35）求得的 T 值一定要非负。如果 $T<0$，式（2. 43）和式（2. 40）的 $\tan\varphi'$ 必须为零。

2. 6. 2 每个块体的弯矩方程

图 2. 8 为在弯矩方程中的力。假设条块两侧的作用力为 Z_L 和 Z_R，它们的作用点距底面两端的高度分别为 h_L 和 h_R，圆心 O 作用在底端的中点，则有

$$Z_L\cos\delta\left(h_L-\frac{b}{2}\tan\alpha\right)+\frac{b}{2}(Z_L\sin\delta+Z_R\sin\delta)+L\sin\beta'(x_L-x_m)-L\cos\beta'(y_L-y_m)$$
$$-K_cW(y_C-y_m)-Z_R\cos\delta\left(h_R+\frac{b}{2}\tan\alpha\right)=0 \tag{2.41}$$

移动 h_R 到方程的一边，用 $E_L/\cos\delta$ 代替 Z_L，用 $E_R/\cos\delta$ 代替 Z_R，得

$$h_R=\left(\frac{E_L}{E_R}\right)h_L+\frac{b}{2}\left(1+\frac{E_L}{E_R}\right)(\tan\delta-\tan\alpha)-\frac{K_cW(y_C-y_m)}{E_R}+\frac{L[\sin\beta'(x_L-x_m)-\cos\beta'(y_L-y_m)]}{E_R} \tag{2.42}$$

式（2. 42）用于中间的条块根据已知或计算的 h_L 确定 h_R。对于如图 2. 9（a）所示的第一个条块，式（2. 42）调整为

$$h_R=\left(\frac{P_L}{E_R}\right)h_L-\frac{b}{2}\left(1+\frac{P_L}{E_R}\right)\tan\alpha+\frac{b}{2}\tan\delta-\frac{K_cW(y_C-y_m)}{E_R}+\frac{L[\sin\beta'(x_L-x_m)-\cos\beta'(y_L-y_m)]}{E_R} \tag{2.43}$$

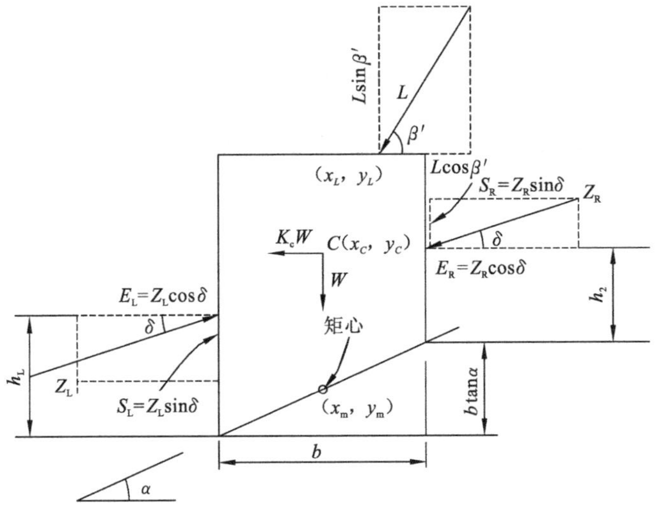

图 2.8　Spencer 法的力矩平衡

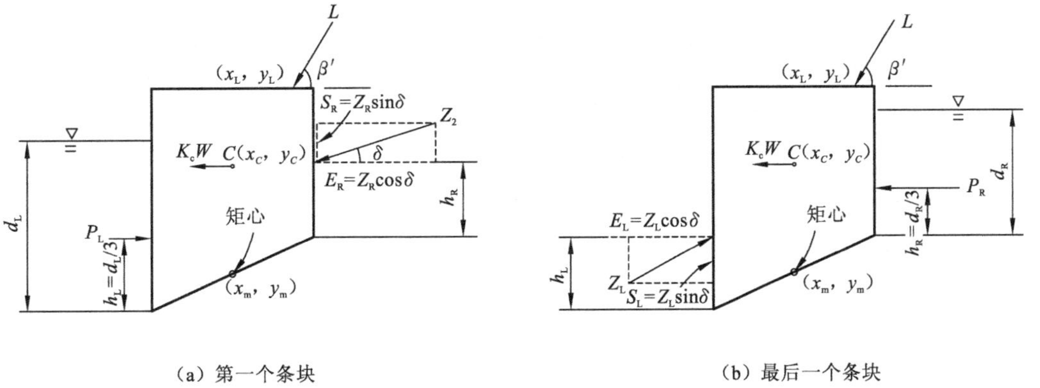

图 2.9　第一个条块和最后一个条块力矩平衡

P_L 和 P_R 分别为第一个条块与最后一个条块的水压力

对于大多数工况情况坡面无水压力作用，P_L 和 h_R 均为 0。如果有水压力作用在坡面 $h_L = d_L / 3$ 处，式中 d_L 为水平面超过第一个条块破坏面的高度。对于如图 2.9（b）所示的最后一个条块，有

$$h_R = \left(\frac{E_L}{P_R}\right)h_L + \frac{b}{2}\left(1+\frac{E_L}{P_R}\right)\tan\alpha + \frac{b}{2}\left(\frac{E_L}{P_R}\right)\tan\delta - \frac{K_c W(y_C - y_m)}{P_R} + \frac{L[\sin\beta'(x_L - x_m) - \cos\beta'(y_L - y_m)]}{P_R} \tag{2.44}$$

已知第一个条块的 P_L 和 h_L，运用式（2.42）～式（2.44）进行求解，直到求得 h_R。反复调整 δ 直到 $h_R = d_R / 3$，d_R 为水平面超过最后一个条块破坏面的高度。当 $P_R = 0$ 时，最后一个条块的 h_L 为

$$h_L = \frac{b}{2}\tan\alpha - \frac{b}{2}\tan\delta + \frac{K_c(y_C - y_m)}{E_L} - \frac{L[\sin\beta'(x_L - x_m) - \cos\beta'(y_L - y_m)}{E_L} \tag{2.45}$$

选择好 δ 的值，通过式（2.44）确定最后一个条块的 h_R，通过式（2.45）确定第一个条块的 h_L，方程个数和未知量个数见表 2.3。

表 2.3　方程个数与未知量个数

方程		未知量	
说明	个数	说明	个数
水平方向力 = 0	n	条块间法向力 E	$n-1$
竖直方向力 = 0	n	条块间力的作用点位置 h	$n-1$
每个条块的弯矩方程 =0	n	有效法向应力 N'	n
		条间力角度 δ	1
		安全系数 F_s	1
总数	$3n$	总数	$3n$

Spencer 法总结如下：

（1）根据一般条分法求出初始 F_s 和 $\delta=0$，$S=\Delta S=0$，从式（2.35）求 T，同时从式（2.40）求新的 F_s。将新的 F_s 作为假定的 F_s 重新进行求解，直到 F_s 收敛。

（2）根据 ΔS=0 和第（1）步求得的 F_s 值，通过式（2.35）计算 T，通过式（2.37）计算 ΔE。从第一个条块左侧 $E_L=0$ 或者 P_L 开始通过式 $E_R=E_L-\Delta E$ 计算第一个条块右侧 E_R。重复利用这个过程，逐条块计算，直到最后一个条块计算完成。由于从式（2.38）计算安全系数，最后一个条块右侧的 E_R 应该自然为 0 或者 P_R。

（3）根据 $\Delta S=0$、已求得的第一个条块的 P_L 和 P_R 及从第（2）步求得的 E，多次利用式（2.42）求得最后一个条块的 h_R。式（2.42）和式（2.43）适用于第一个条块，式（2.44）适用于最后一个条块。不断调整 δ 的值直到最后一个条块的 h_R 等于 $d_R/3$。若 $P_R=0$，不断调整 δ 的值直到从式（2.42）求得的 h_R 的值等于从式（2.45）求得的 h_L 的值。

（4）利用第（2）步求得的 E 和第（3）步求得的 δ，应用式 $S=E\tan\delta$ 与条块间不同的 ΔS，即 $\Delta S=S_L-S_R$，计算条块间的切向力。整个迭代完成后 $\Delta S=0$。

（5）根据从第（1）步求得的安全系数和从第（4）步求得的 ΔS 的值，不断重复（1）～（4）步，求得新的 F_s 和 ΔS，即完成了迭代的第二个循环。

（6）如此反复迭代计算，直到 F_s 收敛。

2.7　一般极限平衡法

一般极限平衡法是 Chugh 对 Spencer 法[9]的一种推论扩展。极限平衡法采用函数 $\theta_i=\lambda f(x_i)$ 来给定作用在土条 i 右边的条间力倾角，如图 2.5 所示。函数 $f(x_i)$ 的范围为 0～1，实质上代表了用来描述条间力角度变化的分布形状，如图 2.10 所示。该函数的采用满足了（n−1）假设，将条间力角度和 λ 值视为一个附加未知数，从而像先前讨论的那样，必须有（n−2）个未知数。条间力角度函数 $f(x)$ 可以设为一个常数[如 $f(x)=1.0$]，则是 Spencer 法，或者是 Morgenstern-Price 法的离散的形状。

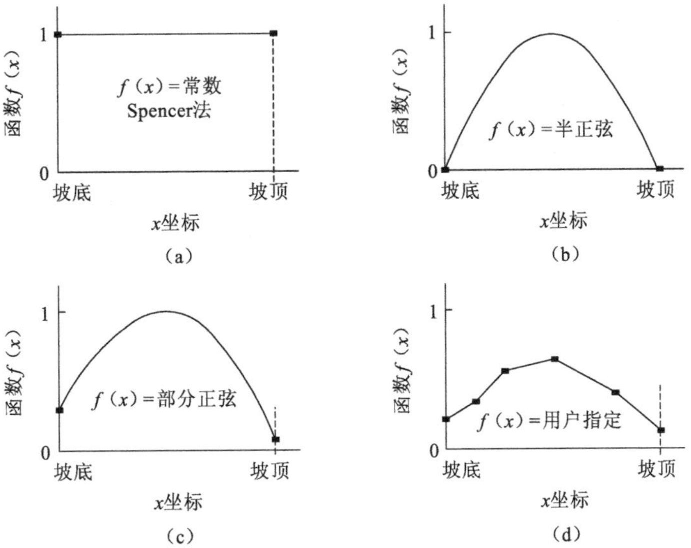

图 2.10　常见的几种描述条间力角度变化的函数

采用的方法是用连续函数 $f(x)$ 的离散形式（土条左右竖直边上标记的角度 θ_L 和 θ_R）来计算在每个条间力边界上的函数，如图 2. 5 所示。例如，一个条间力边界 $\theta_R=\lambda f(x)$，其中 x 是土条右边的 x 坐标。通常使用相对于破坏面的横向范围标准化的函数来实现分布。因为假设第一个土条的左边条间力和最后一个土条的右边条间力为零，所以水平范围是在第一个和最后一个土条的条间边界之间。

1. 力系平衡

一般极限平衡法假设条间合力 Z_L 和 Z_R 分别以角度 θ_L 和 θ_R 作用在每个土条的左右边，如图 2. 8 所示。这些条间力是总力，因为沿着条间边界的静水力部分没有被分开考虑。可以考虑对条间静水力进行分析，但是对于成层土和多种水作用的滑移面来说很难实施。如果考虑平行于每个土条底部方向的力的平衡，则有

$$\begin{aligned} & S_m + Z_L\cos(\alpha-\theta_L) - Z_R\cos(\alpha-\theta_R) - W(1-k_v)\sin\alpha \\ & -Wk_h\cos\alpha - U_\beta\sin(\alpha-\beta) - Q\sin(\alpha-\delta) = 0 \end{aligned} \tag{2.46}$$

如果采用莫尔-库仑强度准则，那么剪切强度为

$$S_m = \frac{S_a}{F_s} = \frac{C'}{F_s} + N'\frac{\tan\varphi}{F_s} = C_m + N'\tan\varphi_m \tag{2.47}$$

式中：C_m 为黏结力。

将式（2. 47）代入式（2. 46），得出以下表达式：

$$\begin{aligned} N'\tan\varphi_m = {} & Z_R\cos(\alpha-\theta_R) - Z_L\cos(\alpha-\theta_L) \\ & + W\left[(1-k_v)\sin\alpha + k_h\cos\alpha\right] - C_m \end{aligned}$$

$$+U_{\beta}\sin(\alpha-\beta)+Q\sin(\alpha-\delta) \tag{2.48}$$

土条底部正方向的力平衡方程如下：

$$\begin{aligned}&N'+Z_{\mathrm{R}}\sin(\alpha-\theta_{\mathrm{R}})-Z_{\mathrm{L}}\sin(\alpha-\theta_{\mathrm{L}})-W(1-k_{\mathrm{v}})\cos\alpha\\&+Wk_{\mathrm{h}}\sin\alpha+u-U_{\beta}\cos(\alpha-\beta)-Q\cos(\alpha-\delta)=0\end{aligned} \tag{2.49}$$

将式（2.49）代入式（2.48），则力平衡方程如下：

$$\begin{aligned}Z_{\mathrm{R}}=&A_8Z_{\mathrm{R}}[\cos(\alpha-\theta_{\mathrm{L}})+\sin(\alpha-\theta_{\mathrm{L}})\tan\varphi_{\mathrm{m}}]\\&+A_8[W\cos\alpha(1-k_{\mathrm{v}})(\tan\varphi_{\mathrm{m}}-\tan\alpha)+C_{\mathrm{m}}\\&-u\tan\varphi_{\mathrm{m}}-Wk_{\mathrm{h}}(1+\tan\varphi_{\mathrm{m}}\tan\alpha)\cos\alpha\\&+U_{\beta}[\cos(\alpha-\beta)\tan\varphi_{\mathrm{m}}-\sin(\alpha-\beta)]\\&+Q[\cos(\alpha-\delta)\tan\varphi_{\mathrm{m}}-\sin(\alpha-\delta)]]\end{aligned} \tag{2.50}$$

其中，系数 A_8 由式（2.51）给出：

$$A_8=\frac{1}{\cos(\alpha-\theta_{\mathrm{R}})\left[1+\tan\varphi_{\mathrm{m}}\tan(\alpha-\theta_{\mathrm{R}})\right]} \tag{2.51}$$

2. 力矩平衡

所有土条上的力关于土条底部中点的矩满足力矩平衡条件，如图 2.8 所示，得出以下表达式：

$$\begin{aligned}&Z_{\mathrm{L}}\cos\theta_{\mathrm{L}}\left(h_{\mathrm{L}}-\frac{b}{2}\tan\alpha\right)+Z_{\mathrm{L}}\frac{b}{2}\sin\theta_{\mathrm{L}}-Z_{\mathrm{R}}\cos\theta_{\mathrm{R}}\left(h_{\mathrm{R}}+\frac{b}{2}\tan\alpha\right)\\&+Z_{\mathrm{R}}\frac{b}{2}\sin\theta_{\mathrm{R}}-Wk_{\mathrm{h}}h_{\mathrm{c}}+U_{\beta}h\sin\beta+Qh\sin\delta=0\end{aligned} \tag{2.52}$$

然后式（2.52）可以简化成式（2.53）来得到作用在每个土条右边的条间力的位置 h_{R}：

$$\begin{aligned}h_{\mathrm{R}}=&\frac{Z_{\mathrm{L}}}{Z_{\mathrm{R}}\cos\theta_{\mathrm{R}}}\left[h_{\mathrm{L}}\cos\theta_{\mathrm{L}}-\frac{b}{2}(\cos\theta_{\mathrm{L}}\tan\alpha+\sin\theta_{\mathrm{L}})\right]\\&+\frac{1}{Z_{\mathrm{L}}\cos\theta_{\mathrm{R}}}\left[h(U_{\beta}\sin\beta+Q\sin\delta)-h_{\mathrm{c}}k_{\mathrm{h}}W\right]\\&+\frac{b}{2}(\tan\theta_{\mathrm{R}}-\tan\alpha)\end{aligned} \tag{2.53}$$

一般极限平衡法使用式（2.50）和式（2.53）反复迭代来完全满足所有土条的力矩和力的平衡。一旦安全系数确定，则作用在每个土条底部的总正应力、竖直应力和剪切应力可由式（2.54）～式（2.56）计算。

$$\begin{aligned}\sigma_{\mathrm{n}}=&\frac{1}{b\sec\alpha}\{Z_{\mathrm{L}}\sin(\alpha-\theta_{\mathrm{L}})-Z_{\mathrm{R}}\sin(\alpha-\beta)+U_{\beta}\cos(\alpha-\beta)\\&-u+W\left[(1-k_{\mathrm{v}})\cos\alpha-k_{\mathrm{h}}\sin\alpha\right]+Q\cos(\alpha-\delta)\}\end{aligned} \tag{2.54}$$

$$\sigma_{\mathrm{v}}=\frac{W+Q\cos\delta+U_{\beta}\cos\beta}{b\sec\alpha} \tag{2.55}$$

$$\tau_{\text{base}} = C_{\text{m}} + \sigma_{\text{n}}' \tan\varphi_{\text{m}} \tag{2.56}$$

3. 求解方法

一般极限平衡法的解可由以下步骤计算：

（1）假设一个条间力角度分布，其中第一个土条上的 θ_L 和最后一个土条上的 θ_R 设为零。

（2）确定安全系数 F_s 使式（2. 50）和式（2. 53）满足力的平衡，从而最后土条（在坡顶）的 Z_R 等于边界力。当水充满坡顶的裂隙时，该力将会等于静水力。如果裂隙中没有水，边界力则为零。

（3）保留计算得到的条间力 Z_L 和 Z_R，这是安全系数求解的一部分。

（4）使用步骤（3）得到的条间力和式（2. 53）来计算条间力角度 θ_R 的大小，其满足力矩平衡，则最后土条的 h_R 为零或者等于充满水裂隙的静水力位置。从已知的第一个土条（在坡脚）的 θ_L 和 h_L 为零开始，这些计算是每个土条按顺序进行的。

（5）重复步骤（2）～（4），直到计算的安全系数和条间力角度在一个可承受的范围内。

通过式（2. 61）～式（2. 63），计算每个土条底部的总正应力、竖直应力和剪切应力，则使用者可以估计一个合理的安全系数。

2. 8　一般 Janbu 法

一般极限平衡法也可以用来计算一般 Janbu 法的安全系数。一般 Janbu 法对所有的土条完全满足力的平衡，对除了最后一个土条外的所有土条满足力矩平衡。式（2. 48）和式（2. 50）对滑坡体满足力的平衡，对从坡脚开始到接近坡顶的最后一个土条结束的按顺序的每一单个土条满足力矩平衡。因为推力线的位置是在这种情况下假设的，所以可以通过调整条间力角度来满足力矩平衡。

使用于一般极限平衡法的式（2. 64），如果有式（2. 57），则可满足关于土条底部中心的力矩平衡。

$$Z_R\cos\theta_R\left(h_R+\frac{b}{2}\tan\alpha\right)-Z_R\frac{b}{2}\sin\theta_R=Z_L\cos\theta_L\left(h_L-\frac{b}{2}\tan\alpha\right)+Z_L\frac{b}{2}\sin\theta_L-Wk_hh_c+U_\beta h\sin\beta+Qh\sin\delta \tag{2. 57}$$

在式（2. 57）中，如果第一个土条的 θ_L 假设为零，则 θ_R 是唯一的未知数。通过力的平衡计算的条间力 Z_L 和 Z_R 可认为是大致有效的。为了解这个方程的 θ_R，引入变量 A、B、ψ，式（2.57）可以重写成以下形式：

$$A\sin(\psi-\theta_R)=B \tag{2. 58}$$

该表达式的扩展形式如

$$A\sin\psi\cos\theta_R - A\cos\psi\sin\theta_R=\left(h_R+\frac{b}{2}\tan\alpha\right)\cos\theta_R-\frac{b}{2}\sin\theta_R \tag{2. 59}$$

方程式右边等于

$$B=\frac{Z_L}{Z_R}\cos\theta_L\left(h_L-\frac{b}{2}\tan\alpha\right)+\frac{b}{2}\frac{Z_L}{Z_R}\sin\theta_L-\frac{1}{Z_R}\left(Wk_h h_c+U_\beta h\sin\beta+Qh\sin\delta\right) \tag{2.60}$$

为了求 θ_R 的解，可以用式（2.33）和式（2.34）先求解 Ψ，再求解 θ_R：

$$\begin{cases} A\sin\psi=h_R+\dfrac{b}{2}\tan\alpha \\ A\cos\psi=\dfrac{b}{2} \end{cases} \tag{2.61}$$

式（2.35）联立可得

$$\begin{cases} \tan\psi=\dfrac{2h_R}{b}+\tan\alpha \\ A^2=\left(\dfrac{b}{2}\right)^2+\left(h_R+\dfrac{b}{2}\tan\alpha\right)^2 \end{cases} \tag{2.62}$$

而且因为

$$\sin\left(\psi-\theta_R\right)=\frac{B}{A} \tag{2.63}$$

所以有

$$\begin{aligned} \theta_R &= \psi-\arcsin\left(\frac{B}{A}\right) \\ &= \arctan\left(\frac{2h_R}{b}+\tan\alpha\right)-\arcsin\left(\frac{B}{A}\right) \end{aligned} \tag{2.64}$$

先前计算得到的条间力 Z_R 必须保持 θ_R 满足对一般土条的力矩平衡。使用式（2. 64）计算的条件力角度滞后于第一步用式（2. 50）计算的条间力值。然而每次对安全系数进行新的迭代，力平衡条件都是平衡的，并且新的条间力和它们的作用线是通过式（2. 64）计算的。如果前后计算的安全系数值在一个可接受的范围内，则迭代是收敛的。因为作用在最后一个土条右边的条间力角度假设为零，且其不是使用式（2. 52）计算的，所以力矩平衡对于最后一个土条不是绝对满足的。因此，尽管一般 Janbu 法不能完全满足力平衡和力矩平衡条件，但确实是给使用者提供了一个求解方法，该方法是基于假设推力线的而不是基于一般极限平衡法的描述条间力角度分布函数的。

根据一般 Janbu 法求得的安全系数可以按照以下步骤计算：

（1）为所有条间力的边界假设一个合理的条间力角度。

（2）通过对最后土条的右边满足边界条件，使用式（2. 50）来计算安全系数（和一般极限平衡法一样）。

（3）使用式（2. 50）来确定条间力。

（4）通过指定的推力线的位置，计算满足力矩平衡需求的条间力角度[式（2. 64）]。

（5）使用现有计算出的条间力角度，重复步骤（2）～（4）直至安全系数值的变化小于 0. 005。

Janbu[3]建议推力线一般放在滑移面以上、土条高度大概三分之一的位置。为了合理的修正，通常建议推力线在靠近坡脚的被动区中应该在更高一点的位置，而在靠近坡顶的主动区中则应该在更低一点的位置。这个推力线位置的假设是通过一个以沿着剪切滑移面的标准化坐标来定义推力线位置的函数来进行的。

2.9　Sarma　法

1. Sarma 法基本思想

Sarma 法是由 Sarma[11-12]提出的，而后得到了广泛应用，它是一种考虑滑体强度的边坡极限平衡分析方法，它的基本思想是：边坡岩土体除非是沿一个理想的平面圆弧而滑动，才可能作为一个完整刚体运动，否则，岩土体必须先破坏成多块相对滑动的块体才可能滑动，亦即在滑体内部发生剪切。它实际上是一种既满足力的平衡又满足力矩平衡的分析方法。因此其有着独特的优点：它可以用来评价各种类型滑坡稳定性；计算时考虑滑体底面和侧面的抗剪强度参数，而且各滑坡可具有不同的 c、φ 值；滑坡两侧可以任意倾斜，并不限于竖直边界，因而能分析具有各种结构特征的滑坡稳定性；因为引入了临界水平加速度判据，所以该方法还可以用来分析地震力对斜坡稳定性的影响。总之该方法比较全面客观地反映了斜坡的实际情况，计算结果较符合客观实际。

2. Sarma 法力学模型

Sarma[11-12]提出滑体力学模型如图 2.11 所示。

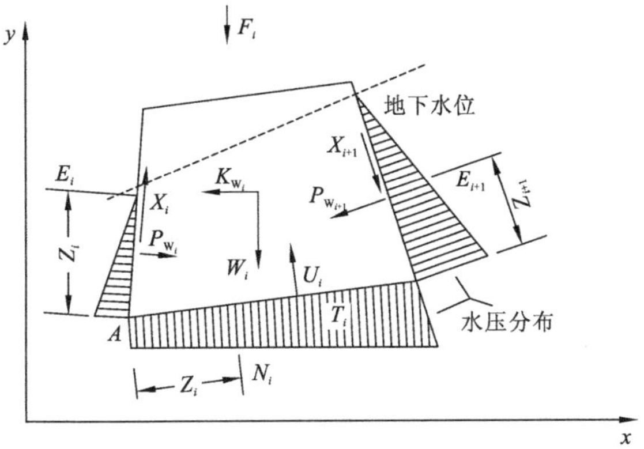

图 2.11　作用在第 i 条块上的力

W_i 为第 i 条块重力；K_{W_i} 为由于动荷载加速度在第 i 条块上产生的力；P_{W_i}、$P_{W_{i+1}}$ 分别为作用于第 i 和第 i+1 侧面的水压力；U_i 为作用于第 i 条块底面上的静水压力；E_i、E_{i+1} 分别为作用于第 i 侧面和第 i+1 侧面的法向力；X_i、X_{i+1} 分别为作用于第 i 侧面和第 i+1 侧面的剪力；N_i 为作用于第 i 条块底面的法向力；T_i 为作用于第 i+1 条块底面的剪力；F_i 为作用于第 i 条块上的面状均布荷载

3. Sarma 法几何模型

Sarma 法几何模型如图 2.12 所示。

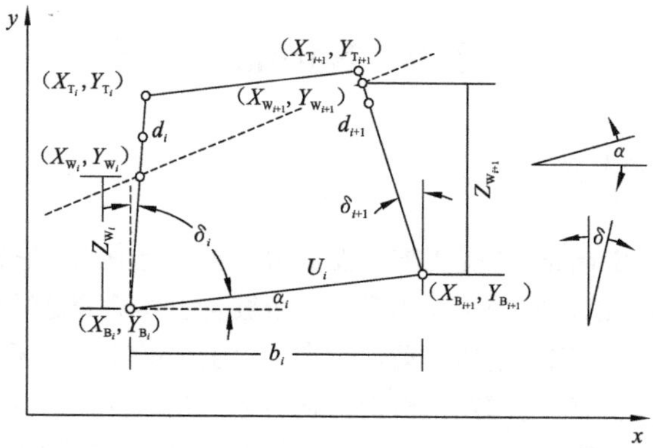

图 2.12　第 i 条块几何模型

X_{T_i}、Y_{T_i} 分别为第 i 侧滑面与滑体顶面交点坐标；$X_{T_{i+1}}$、$Y_{T_{i+1}}$ 分别为第 i+1 侧滑面与滑体顶面交点坐标；X_{W_i}、Y_{W_i} 分别为水位面与第 i 侧滑面交点坐标；$X_{W_{i+1}}$、$Y_{W_{i+1}}$ 分别为水位面与第 i+1 侧滑面交点坐标；X_{B_i}、Y_{B_i} 分别为第 i 侧滑面与底滑面交点坐标；$X_{B_{i+1}}$、$Y_{B_{i+1}}$ 分别为第 i+1 侧滑面与底滑面交点坐标；d_i、d_{i+1} 分别为第 i 侧滑面与第 i+1 侧滑面长度；b_i 为第 i 条块底面宽度；α_i 为第 i 条块底面与水平方向夹角；δ_i、δ_{i+1} 分别为第 i 侧滑面、第 i+1 侧滑面与垂直方向夹角；Z_{W_i}、$Z_{W_{i+1}}$ 分别为第 i 侧滑面、第 i+1 侧滑面浸水长度在垂直方向上的投影高度

4. Sarma 法计算公式

1）计算临地震系数 $\boldsymbol{K_c}$

假定地震力为 K_cW_i，滑面上稳定性系数为 $F=1$，由静力平衡原理 $\sum X=0$，$\sum Y=0$ 得

$$T_i\cos\alpha_i-N_i\sin\alpha_i-K_cW_i+X_{i+1}\sin\delta_{i+1}+X_i\sin\delta_i-E_{i+1}\cos\delta_{i+1}+E_i\cos\delta_i=0 \tag{2.65}$$

$$N_i\cos\alpha_i+T_i\sin\alpha_i-W_i-F_i-X_{i+1}\cos\delta_{i+1}+X_i\sin\delta_i-E_{i+1}\sin\delta_{i+1}+E_i\sin\delta_i=0 \tag{2.66}$$

再由莫尔–库仑强度准则：

$$T_i=\left(N_i-U_i\right)\tan\varphi_{B_i}+C_{B_i}b_i\sec\alpha_i \tag{2.67a}$$

$$\begin{aligned}N_i=(&W_i+F_i+P_{W_i}\sin\delta_i+X_{i+1}\cos\delta_{i+1}+X_i\cos\delta_i-E_{i+1}\sin\delta_{i+1}+E_i\sin\delta_i\\&+U_i\tan\varphi_{B_i}\sin\alpha_i-C_{B_i}b_i\tan\alpha_i)\cos\varphi_{B_i}/\cos(\varphi_{B_i}-\alpha_i)\end{aligned} \tag{2.67b}$$

式中：φ_{B_i}、C_{B_i} 为滑面上强度参数。

同样假定两侧面力 E、X 亦处于极限平衡状态，则

$$X_i=(E_i-P_{W_i})\tan\varphi_{S_i}+C_{S_i}d_i \tag{2.68a}$$

$$X_{i+1}=(E_{i+1}-P_{W_{i+1}})\tan\varphi_{S_i+1}+C_{S_i+1}d_{i+1} \tag{2.68b}$$

式中：φ_{S_i}、C_{S_i} 为侧面强度参数。

将式（2.67a）、式（2.67b）、式（2.68a）和式（2.68b）代入式（2.65）、式（2.66）可得

$$E_{i+1}=\alpha_i-P_iK_i+E_ie_i \tag{2.69a}$$

上式为递归方程，故

$$\begin{aligned}E_{n+1}&=a_n+P_nK_n+E_ne_n\\&=a_n+a_{n-1}e_n-(P_n+P_{n-1}e_n)K_c+E_{n-1}e_ne_{n-1}\end{aligned} \tag{2.69b}$$

因此：

$$\begin{aligned}E_{n+1}=&(a_n+a_{n-1}e_n+a_{n-2}e_ne_{n-1}+\cdots)\\&-K_c(P_n+P_{n-1}e_n+P_{n-2}e_ne_{n-1}+\cdots)\\&+E_1e_ne_{n-1}e_{n-2}\cdots e_1\end{aligned} \tag{2.70}$$

由式（2.65）得

$$K_c=\frac{E_1e_ne_{n-1}e_{n-2}\cdots e_1+a_n+a_{n-1}e_n+\cdots+a_1e_ne_{n-1}\cdots e_3e_2-E_{n+1}}{P_n+P_{n-1}e_n+P_{n-2}e_ne_{n-1}+\cdots+P_1e_ne_{n-1}\cdots e_3e_2}$$

当 $E_1=E_{n+1}=0$ 时，

$$K_c=\frac{a_1e_2e_3\cdots e_n+\cdots+a_2e_3e_4\cdots e_n+\cdots a_{n-1}e_n+a_n}{P_1e_2e_3\cdots e_n+P_2e_2e_3\cdots e_n+\cdots+P_{n-1}e_n+P_n} \tag{2.71}$$

式中：$a_i=Q_i[(W_i+F_i)\sin(\varphi_{B_i}-\alpha_i)+R_i\cos\varphi_{B_i}+S_{i+1}\sin(\varphi_{B_i}-\alpha_i-\delta_{i+1})-S_i\sin(\varphi_{B_i}-\alpha_i-\delta_i)]$；

$e_i=Q_i[\sec\varphi_{S_i}\cos(\varphi_{B_i}-\alpha_i+\varphi_{S_i}-\delta_i)]$;

$Q_i=\cos\varphi_{S_{i+1}}+\sec(\varphi_{B_i}-\alpha_i+\varphi_{S_{i+1}}-\delta_{i+1})$;

$S_i=C_{S_i}d_i-P_{W_i}\tan\varphi_{S_i}$;

$S_{i+1}=C_{S_{i+1}}d_{i+1}-P_{W_{i+1}}\tan\varphi_{S_{i+1}}$;

$R_i=C_{B_i}b_i\sec\alpha_i-U_i\tan\varphi_{B_i}$;

$P_i=Q_iW_i\sin(\gamma+\varphi_{B_i}-\alpha_i)$;

$d_{i+1}=[(X_{T_{i+1}}-X_{B_{i+1}})^2+(Y_{T_{i+1}}-Y_{B_{i+1}})^2]^{1/2}$;

$\delta_{i+1}=\arcsin\left(\dfrac{X_{T_{i+1}}-X_{B_{i+1}}}{d_{i+1}}\right)$;

$b_i=X_{B_{i+1}}-X_{B_i}$;

$\alpha_i=\arctan\left(\dfrac{Y_{B_{i+1}}-Y_{B_i}}{b_i}\right)$;

$$\begin{aligned}W_i=&\frac{1}{2}\gamma[(X_{B_i}+X_{T_i})(Y_{B_i}-Y_{T_i})+(X_{T_i}+X_{T_{i+1}})(Y_{T_i}-Y_{T_{i+1}})\\&+(X_{T_{i+1}}-X_{B_{i+1}})(Y_{T_{i+1}}-Y_{B_{i+1}})+(X_{B_{i+1}}+X_{B_i})(Y_{B_{i+1}}-Y_{B_i})];\end{aligned}$$

$Z_{W_{i+1}}=Y_{W_{i+1}}-Y_{B_{i+1}}$;

$U_i=\dfrac{1}{2}\gamma_w(Z_{W_i}+Z_{W_{i+1}})b_i\sec\alpha_i$;

$P_{W_i}=\dfrac{1}{2}\gamma_w Z_{W_i}^2\sec\delta_i$；

$P_{W_{i+1}}=\dfrac{1}{2}\gamma_w Z_{W_{i+1}}^2\sec\delta_i$；

$\tau_{S_i}=(\sigma_{S_i}-P_{W_i}/Z_{W_i}\sec\alpha_i)\tan\varphi_{S_i}+C_{S_i}$；

$\tau_{B_i}=(\sigma_{B_i}-U_i/b_i\sec\alpha_i)\tan\varphi_{B_i}+C_{B_i}$；

$\tau_{S_i}=(E_i-P_{W_i})/d_i$；

$\sigma_{S_i}=(N_i-U_i\cos\alpha_i)/d_i$ 。

式（2.71）是将滑体划分为 n 个条块后达到静力平衡的条件，其物理意义是：使滑体达到极限平衡状态，必须在滑体上施加一个临界水平加速度 K_c，即相当于水平地震系数值，K_c 为正值时，方向指向坡外；K_c 为负值时，方向指向坡内。

2）计算无动荷载时稳定系数

Sarma 法对斜坡稳定性分析时引入了 K_c 值，然而地震仅是偶然事件，人们往往需要对无震斜坡稳定性做出评价。无震时斜坡稳定性系数按下列过程实现；同时降低所有滑动面和滑体的抗剪强度参数值，直至 K_c 降为零。即在计算中用 F 去除抗剪强度参数，直至 $K_c=0$ 时的 F 值即为无震时斜坡稳定性系数：

$$C_{B_i}/F,\tan\varphi_{B_i}/F,C_{S_{i+1}}/F,\tan\varphi_{S_i}/F$$

$$C_{B_{i+1}}/F,\tan\varphi_{B_{i+1}}/F,C_{S_{i+1}}/F,\tan\varphi_{S_{i+1}}/F$$

这样迭代变更各条块底面和侧面上的抗剪强度参数，直至 $K_c=0$ 时的 F 值即为无震时的滑坡稳定性系数。

2.10 传递系数法

2.10.1 显式解法

传递系数显式解的出现是由于当时计算机不普及，对传递系数做了一个简化的假设，将传递系数中的安全系数值假设为 1，从而使计算简化，但增加了计算误差。同时对安全系数做了新的定义，在这一定义中当荷载增大时只考虑下滑力的增大，不考虑抗滑力的提高[159]。

如图 2.13 所示，W_i 为滑块 i 的重力，N_i 为垂直于滑面的法向力，T_i 为滑面上总的下滑力，S_i 为第 i 条块总的抗滑力。当只有一个条块 i 时，条块的稳定安全系数表示为

$$F_s=\frac{\text{抗滑力}}{\text{下滑力}}=\frac{S_i}{T_i} \tag{2.72}$$

由式（2.72）变换得到考虑了安全系数的抗滑力为

$$S_i=F_sT_i \tag{2.73}$$

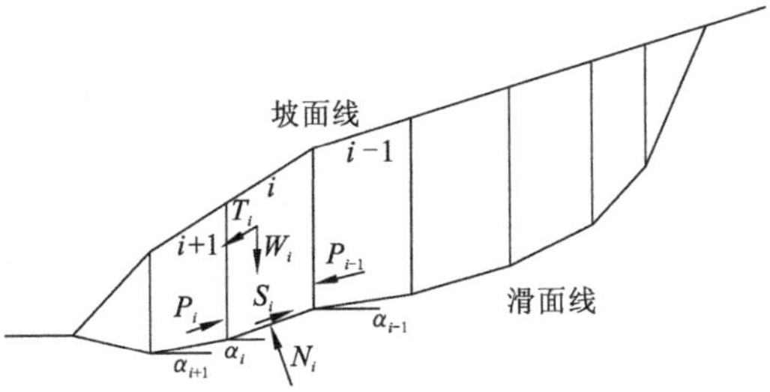

图 2.13　条块受力模型

滑坡体原来的抗滑力为 S_i，考虑安全系数后的抗滑力为 $S_i = F_s T_i$，需要桩提供的抗滑力为

$$P_i = F_s T_i - S_i \tag{2.74}$$

当滑坡划分为 n 个条块时，P_{i-1}，P_i 分别为第 i-1 条块和第 i 条块的剩余下滑力，α_{i-1} 和 α_i 分别为第 i-1 条块和第 i 条块滑面的倾角。假设剩余的条间作用力平行于对应的这个条块的滑面，第 i 条块的剩余下滑力为

$$P_i = F_s T_i + P_{i-1}\psi_{i-1} - S_i \tag{2.75}$$

第 i 条块自重引起的下滑力：

$$T_i = W_i \sin\alpha_i \tag{2.76}$$

第 i 条块抗滑力，包括自重分力在滑面引起的摩擦阻力和黏聚阻力：

$$S_i = c_i L_i + W_i \cos\alpha_i \tan\varphi_i \tag{2.77}$$

传递系数：

$$\psi_{i-1} = \cos\left(\alpha_{i-1} - \alpha_i\right) - \sin(\alpha_{i-1} - \alpha_i)\tan\varphi_i \tag{2.78}$$

式（2.75）就是折线形滑坡剩余推力计算的传递系数显式解法计算式。从式（2.75）中可以看出，传递系数显式解法将把下滑力增大一个系数再减去抗滑力得到沿着滑面方向的剩余下滑力，然后将剩余下滑力乘以 $\cos\alpha$ 得到水平方向的剩余下滑力 P。2015 年新颁布的规范《公路路基设计规范》（JTG D30—2015）[160]就采用了这种方法，并强调 F_s 为设计要求达到的稳定安全系数。

2.10.2　隐式解法

传递系数法隐式解法也称为强度折减安全系数法。2014 年新颁布的《建筑边坡支护技术规范》（GB 50330—2013）[161]就采用了传递系数隐式解法。隐式解法在进行稳定性分析时，将滑面强度参数折减 F_s 倍，直到最后一个条块的剩余下滑力为 0，此时的强度折减安全系数就是滑坡的稳定性系数，具体计算公式表述如下：

$$P_n = 0 \tag{2.79}$$

第 i 条块的剩余下滑力为

$$P_i = P_{i-1}\psi_{i-1} + T_i - S_i / F_s \tag{2.80}$$

式（2.80）中，安全系数除在抗滑力上，此时的传递系数也要作相应的折减：

$$\psi_{i-1}=\cos(\alpha_{i-1}-\alpha_i)-\sin(\alpha_{i-1}-\alpha_i)\tan\varphi_i/F_s \tag{2.81}$$

其余参数不变。

规范[161]附录 A.0.3 条提及：在计算滑坡推力时，将式（2.79）和式（2.80）中的 F_s 取安全系数值，以此计算得到的 P_n 即为滑坡推力。规范[162]也采用上述类似的计算方法，先采用基于强度折减安全系数的传递系数隐式解法计算沿着滑面方向的剩余下滑力，然后乘以 $\cos\alpha$（α 为滑面倾角）得到水平方向的滑坡推力。

2.11 各种条分法的对比

用于边坡稳定性分析的简化 Bishop 法和简化 Janbu 法在 20 世纪 50 年代提出，现已经得到非常广泛的应用。尽管简化 Bishop 法不能满足水平力平衡，简化 Janbu 法不能满足力矩平衡，但是对于大部分边坡来说它们可以很容易地计算出安全系数。然而，这些安全系数通常与使用满足所有力平衡和力矩平衡的方法的结果相差±15%，如 Spencer 法和 Morgenstern-Price 法。

一个由极限平衡方程导出的静态不确定解不能直接与一个用正确的解析解得到的结果比较。尽管不同方法之间的直接比较不总是可能的，但是用简化 Bishop 法确定圆弧滑移面的安全系数值可以被认为与遵循更严格的 Spencer 法和 Morgenstern-Price 法的计算结果相差小于 5%。用于非圆弧滑移面的简化 Janbu 法相比更严格的方法，通常会低估安全系数 30%，在假设滑移面是块状（而不是平滑）的情况下，安全系数的差异可能会更大。相反，对于同一个边坡且不寻常的滑移面形状而言，简化 Janbu 法可能会把安全系数高估 5%。

Fredlund 等[98]提出了一个很好的比较不同极限平衡法的例子，分析了如图 2. 14 所示边坡中的滑移面，且在图 2. 15 中展示了结果，该结果是一个 λ 的函数，其中 λ 的定义是作用在竖直土条边界上的正力与剪力之比。从图 2.15 中可以看出 Spencer 法和 Morgenstern-Price 法的结果与简化 Bishop 法的结果比较相符，然而简化和严格的 Janbu 法的安全系数值看上去更低一些。标记为 F_m 和 F_f 的两条曲线分别表示在满足静态力或力矩平衡两种条件下与安全系数值和 λ 相对应的点的轨迹。这两条曲线的交点提供了安全系数与 λ 的一个唯一的结合，其满足在书中默认的假设下的所有静态平衡。为了解一个更完整的边坡分析方法的讨论和比较，读者可以参考 Fredlund 等[98]的研究。

满足所有平衡的方法是更加复杂的，并且随之要求对成功地评估边坡稳定性有一个更高层次的理解。使用者应该注意到用简化 Bishop 法（或简化 Janbu 法）体验到的数值困难通常会导致在 Spencer 法和 Morgenstern-Price 法中更严重的问题。这些数值问题会加剧且可能导致不合理的安全系数值和一个不切实际的推力线[173]。

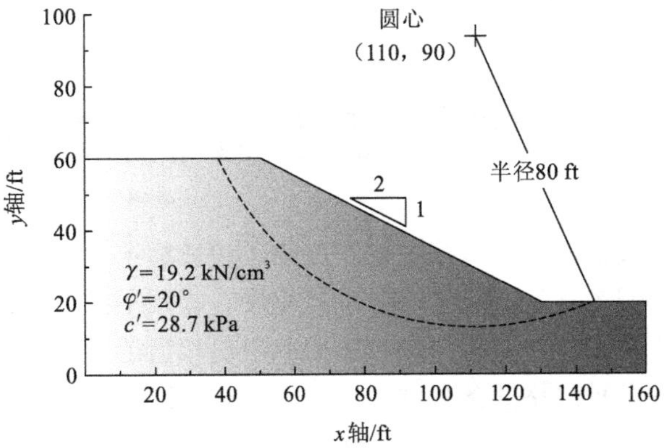

图 2.14　用于比较极限平衡法的示例边坡

1 ft = 0.304 8 m

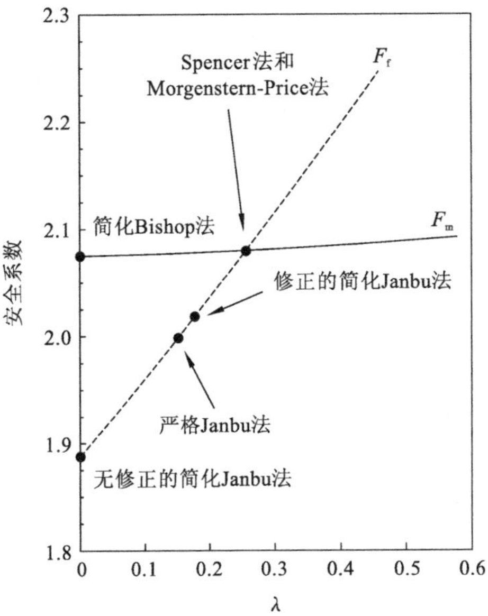

图 2.15　比较用不同极限平衡法计算的安全系数值

Morgenstern-Price 法的结果是使用了一个 λ 的均匀分布[98]

第 3 章　边坡稳定性分析的无条分法

尽管已有大量的实例表明，有限元法在应用于边坡稳定性分析时，比传统的极限平衡法更具优势[56]，但目前在工程设计和行业规范中，极限平衡法仍据主导地位。不仅如此，极限平衡法在岩土力学及其相关领域的研究中仍相当活跃[163-167]。

在极限平衡法的各种严格的条分法中，一般都是通过单个条块的两个力平衡方程消去条块底部的法向压力，将不确定性加在条间力上。

Bell[168]最先开辟了实现严格条分法的另一途径：通过将滑面正应力分布假设为含两个待定参数 C_1 和 C_2 的函数，并取整个滑体为研究对象，导出了以 C_1、C_2 和安全系数 F_s 为变量的三元二次方程组。不同于其他条分法的 Bell 法是取整个滑体而不是单个条块为研究对象，因此，不需要引入条间力，这里不妨称其为整体分析法，而称其他条分法为局部分析法。

按说，整体分析法假定滑面正应力分布应该比 Morgenstern-Price 法[8]中假定条间力合力方向分布更加容易，但不知什么原因，这个方法几十年来一直未被重视，即使是在对 1996 年以前的极限平衡法做出了非常全面的评述的 Duncan 综述[45]中也未提及 Bell 的工作。

直到 2002 年类似的方法才重新被 Zhu 等[169]所采用。与 Bell 法过程相似，文献[169]通过二次插值逼近滑面正应力分布，最后导出了以安全系数为未知量的一元三次方程。以后朱大勇等[23]又利用线性插值来修正滑面的正应力分布，使整体分析法的形式更趋简化。

无论是 Bell 法还是朱-李法，都要对滑体进行条分，但此时条分的意义仅在于完成那些以滑体为积分域的域积分。只要能将这些域积分转化成边界积分，就不需要再对滑体进行条分了。无条分对于简化三维分析的意义是十分明显的，不仅如此，无条分的整体分析法还能实现满足 6 个平衡条件的严格的极限平衡法，而迄今已经公开发表的三维极限平衡法顶多只能满足 4 个平衡条件。

即使是对于二维问题，无条分也是有意义的。首先，提高了分析的精度，因为当坡形或坡内的介质分布较复杂时，目前的条分法在计算条块的重量时都存在误差，而采用边界积分所计算的滑体重量是精确的；其次，可简化程序的数据结构，从而将更多的注意力放到临界滑面的搜寻方面。

本章的主要工作在于：①通过化域积分为边界积分，实现了无条分的整体分析；②提出了更加合理且简单的滑面正应力修正技术；③建议采用平衡条件的三力矩形式而不是通常所采用的基本形式来建立滑体的平衡方程组，不仅使方程组的形式和程序代码更趋简洁，而且该方程组是刻度良好的，无须再经过刻度化处理，即可直接利用牛顿法进行求解[170]。

最后给出了一个经典算例来验证本书所建议方法的有效性。

3.1 基本原理

设滑体 Ω 是由边坡外轮廓线 g 和某一潜在滑面 S 所围成的平面区域，滑体内可以包含多种介质。取整个滑体 Ω 为受力体，其所受到的主动力有体积力（包括自重和水平地震力）和作用在外轮廓线 g 上的面力或集中力，其所受到的约束反力为滑面上的正应力 $\sigma(x)$和切向应力 $\tau(x)$。

任取不在同一直线上的三个点$(\overline{x}_{ci},\overline{y}_{ci})$（$i$=1，2，3）为力矩中心，因 Ω 处于平衡状态，所以作用于其上的力系关于三个力矩中心的和力矩为 0，即

$$\int_S (\Delta x_{ci}\sigma - \Delta y_{ci}\tau)\mathrm{d}x + (\Delta x_{ci}\tau + \Delta y_{ci}\sigma)\mathrm{d}y + m_{ci} = 0 \tag{3.1}$$

式中：m_{ci}为作用在滑体上的所有主动力关于$(\overline{x}_{ci},\overline{y}_{ci})$的力矩，将在下节给出其计算方法；$\Delta x_{ci}$和$\Delta y_{ci}$为$(\overline{x}_{ci},\overline{y}_{ci})$ 到滑面上的点(x,y)的位矢分量。

$$\Delta x_{ci} = x - \overline{x}_{ci}, \quad \Delta y_{ci} = y - \Delta y_{ci}$$

若不做特别声明，指标 i 皆为自由指标，当它出现在一个公式中时，就表示指标 i 将遍历 1，2 和 3，也就是一次取三个力矩中心$(\overline{x}_{ci},\overline{y}_{ci})$后所得到的三个公式。同时，为了叙述上的简单，假定边坡为右坡，即坡面高度随着 x 坐标的增加而上升。

在严格的极限平衡法中，条块或滑体的平衡方程组一般采用的都是平面力系平衡条件的基本形式，即$\sum x=0$，$\sum y=0$和$\sum m=0$。虽然基本形式等价于三力矩形式，但两者导出的方程组的形态却相差很大。基本形式中的两个力平衡方程中的量纲与力矩平衡方程的量纲不一致，力平衡方程中未知数前的系数通常情况下也远远小于力矩平衡方程中未知数前的系数。因此，由基本形式导出的方程组是不良刻度的，除非进行合理的刻度化处理，否则不宜直接进行整体求解。而三力矩形式导出的方程组则可有效克服上述问题，方程组（3.1）中的所有项都是力矩，整个方程组是刻度良好的，整体求解时无须对其再做任何刻度化处理。另外，对应于三力矩形式的每一公式组的形式也要简化得多：不同属性的公式组仅需一个带自由指标i的公式来表示，而对应于基本形式的任一公式组都需要显式地写出三个形式完全不同的公式。公式的简洁也将导致程序代码的简洁。

现将$(\overline{x}_{c1},\overline{y}_{c1})$和$(\overline{x}_{c2},\overline{y}_{c2})$分别取在滑面底端和滑面顶端，将$(\overline{x}_{c3},\overline{y}_{c3})$取在使这三个点成等边三角形的位置。

假定滑面仍然满足莫尔-库仑强度准则，则当边坡处于极限平衡状态时，

$$\tau = \frac{1}{F_s}[c_e + f_e(\sigma - u)] \equiv \frac{1}{F_s}(c_w + f_e\sigma) \tag{3.2}$$

式中：F_s为安全系数；c_e和f_e为有效应力抗剪强度参数；u 为孔隙水压力，

$$c_w = c_e - f_e u \tag{3.3}$$

将式（3.2）代入式（3.1）整理得

$$\int_S L_{ci}^x \sigma \mathrm{d}x + L_{ci}^y \sigma \mathrm{d}y + m_{ci}F_s + d_{ci} = 0 \tag{3.4}$$

其中，

$$L_{ci}^{x}=F_{s}\Delta x_{ci}-f_{e}\Delta y_{ci}\text{，}\quad L_{ci}^{y}=F_{s}\Delta y_{ci}+f_{e}\Delta x_{ci} \tag{3.5}$$

$$d_{ci}=\int_{S}c_{w}\Delta x_{ci}\mathrm{d}y-c_{w}\Delta y_{ci}\mathrm{d}x \tag{3.6}$$

3.2 主动力矩的边界化

由式（3.4）可见，除了 m_{ci} 一项外，其他各项均为关于滑面的曲线积分。如前所述，m_{ci} 为作用在滑体上的所有主动力矩关于点 $(\overline{x}_{ci},\overline{y}_{ci})$ 的力矩，即

$$m_{ci}=m_{ci}^{\mathrm{B}}+m_{ci}^{\Omega} \tag{3.7}$$

式中：m_{ci}^{B} 为作用在外轮廓线 g 上的边界载荷关于点 $(\overline{x}_{ci},\overline{y}_{ci})$ 的力矩，可写成

$$m_{ci}^{\mathrm{B}}=\int_{g}(\Delta x_{ci}\overline{q}_{n}-\Delta y_{ci}\overline{q}_{t})\mathrm{d}x+(\Delta x_{ci}\overline{q}_{t}+\Delta y_{ci}\overline{q}_{n})\mathrm{d}y \tag{3.8}$$

这里，外轮廓线 g 的方向规定为当沿 g 行走时，临近 g 的坡内的点位于 g 的左侧。$\overline{q}_{n}$ 为作用在边界上的正应力，规定压为正；$\overline{q}_{t}$ 为切向应力，当与 g 的方向一致时为正。

为了叙述上的方便，不妨假设滑体 Ω 内的各个土体均为单连通域。若滑体存在如图 3.1（a）所示的复连通域 2，总可以添加两条辅助线，将其进一步细分为图 3.1（b）所示的三个单连通域 2^1 和 2^2，与原来图 3.1（a）中区域 2 具有完全相同的属性。

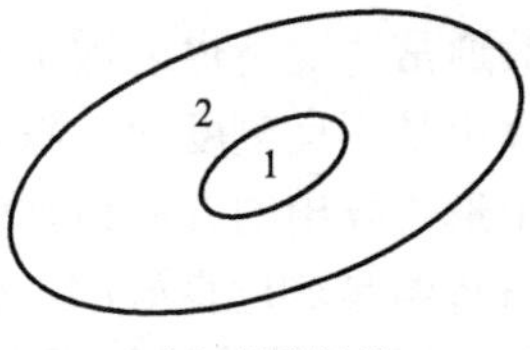

（a）复连通域

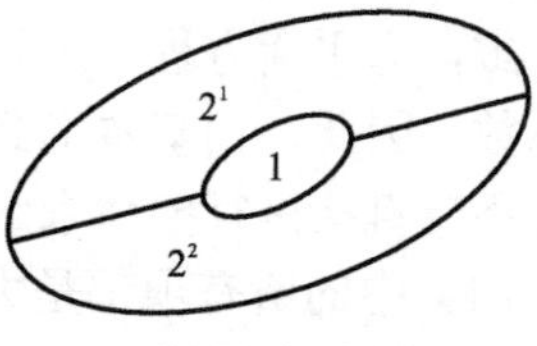

（b）细分后的单连通域

图 3.1　复连通域的单连通化

记 (x_{gk},y_{gk}) 为 Ω 的某一子域 Ω_k 的几何中心，Ω_k 的体积力关于 $(\overline{x}_{ci},\overline{y}_{ci})$ 的力矩为

$$m_{ci}^{\Omega_k}=w_k[K_c(y_{gk}-\overline{y}_{ci})-(x_{gk}-\overline{x}_{ci})] \tag{3.9}$$

式中：w_k 为 Ω_k 的重量；K_c 为地震系数。

整个滑体 Ω 的体积力关于 $(\overline{x}_{ci},\overline{y}_{ci})$ 的力矩为

$$m_{ci}=\sum_{k}m_{ci}^{\Omega} \tag{3.10}$$

因为 $w_k=\gamma_k A_k$，A_k 是 Ω_k 的面积，而 A_k 可表示成 Ω_k 的边界积分[12]：

$$A_k=\frac{1}{2}\int_{\partial\Omega_k}x\mathrm{d}y-y\mathrm{d}x \tag{3.11}$$

式中：$\partial\Omega_k$ 为 Ω_k 的边界，规定为逆时针走向。

问题的关键就在于如何用边界积分表示 Ω_k 的几何中心 (x_{gk}, y_{gk})。依定义[12]有

$$x_{gk} = \frac{1}{A_k}\iint_{\Omega_k} x\mathrm{d}x\mathrm{d}y\,,\quad y_{gk} = \frac{1}{A_k}\iint_{\Omega_k} y\mathrm{d}x\mathrm{d}y \tag{3.12}$$

考虑到

$$x = \frac{\partial(xy)}{\partial y}\,,\qquad y = \frac{\partial(xy)}{\partial x}$$

将其代入式（3.12），并用格林公式得

$$x_{gk} = -\frac{1}{A_k}\int_{\partial\Omega_k} xy\mathrm{d}y\,,\quad y_{gk} = \frac{1}{A_k}\int_{\partial\Omega_k} xy\mathrm{d}y \tag{3.13}$$

至此，极限状态下的平衡方程组（3.4）中所有的项都变成边界积分。

3.3　滑面上的正应力分布

为了给出合理的滑面正应力分布，沿滑面 S 的阻滑方向取一弧长为 $\mathrm{d}s$ 的微分条块 $ABCD$，该条块的受力示意图如图 3.2 所示。其中 $\mathrm{d}Z_\mathrm{h}$ 和 $\mathrm{d}Z_\mathrm{v}$ 分别是水平和垂直条间力增量；$\mathrm{d}w$ 和 $\mathrm{d}q$ 为条块自重和地震力；$\mathrm{d}f_x$ 和 $\mathrm{d}f_y$ 为作用在边坡外轮廓线 g 上的荷载在该条块上的水平和垂直力分量，它们与 g 上的法向面力 $\overline{q}_\mathrm{n}$ 和切向面力 $\overline{q}_\mathrm{t}$ 的关系为

$$\mathrm{d}f_x = \overline{q}_\mathrm{t}\mathrm{d}x_g - \overline{q}_\mathrm{n}\mathrm{d}y_g\,,\quad \mathrm{d}f_y = \overline{q}_\mathrm{n}\mathrm{d}x_g + \overline{q}_\mathrm{t}\mathrm{d}y_g \tag{3.14}$$

式中：$\mathrm{d}x_g$ 和 $\mathrm{d}y_g$ 为沿 g 的正向的微分弧长 $\mathrm{d}s_g$ 所对应的 x 和 y 方向上的分量，如图 3.2 所示。

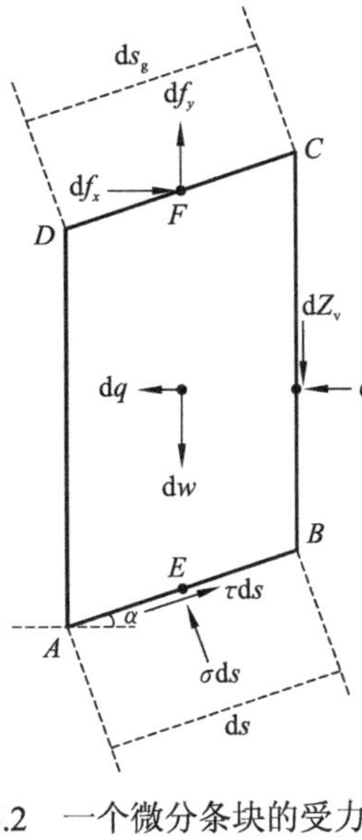

图 3.2　一个微分条块的受力示意图

将条块所受的力向滑面的法线方向投影并整理得

$$\sigma \mathrm{d}s = \mathrm{d}w\cos\alpha - \mathrm{d}q\sin\alpha + \mathrm{d}f_x \sin\alpha - \mathrm{d}f_y \cos\alpha + \mathrm{d}Z_{\mathrm{v}} \cos\alpha - \mathrm{d}Z_{\mathrm{h}} \sin\alpha \tag{3.15}$$

因为

$$\mathrm{d}w = \bar{\gamma} h \mathrm{d}x \tag{3.16}$$

$$\mathrm{d}q = k_{\mathrm{c}} \bar{\gamma} \mathrm{d}x \tag{3.17}$$

式中：h 为条块 $ABCD$ 的中心 EF 的高度；$\bar{\gamma}$ 为沿条块高度方向的平均重度，

$$\bar{\gamma} = \frac{1}{h}\int_{y_E}^{y_F} \gamma \mathrm{d}y$$

其中，y_E 和 y_F 分别为条块中心线与滑面 S 和边坡轮廓线 g 的交点 E 和 F 的 y 坐标，如图 3.2 所示。

将式（3.14）、式（3.16）和式（3.17）代入式（3.15），并注意到 $\mathrm{d}x_g=-\mathrm{d}x$，$\mathrm{d}x$ 是 $\mathrm{d}s$ 沿 x 方向的分量，可得

$$\sigma = \sigma(x) = \sigma_0 + \sigma^l \tag{3.18}$$

其中，σ^l 和 σ_0 分别为条间力和滑体上的外荷载对滑面正应力的贡献，它们都是 x 的函数。

$$\sigma^l = \cos\alpha\left(\frac{\mathrm{d}Z_{\mathrm{v}}}{\mathrm{d}x}\cos\alpha - \frac{\mathrm{d}Z_{\mathrm{h}}}{\mathrm{d}x}\sin\alpha\right) \tag{3.19}$$

$$\sigma_0 = \sigma_0^v + \sigma_0^g \tag{3.20}$$

其中，σ_0^v 为滑体体积力对滑面正应力的贡献，

$$\sigma_0^v = \bar{\gamma} h \cos\alpha(\cos\alpha - k_{\mathrm{c}} \sin\alpha) \tag{3.21}$$

σ_0^g 为边坡外轮廓线 g 上的面力荷载对滑面正应力的贡献，

$$\sigma_0^g = \cos\alpha\left[\bar{q}_{\mathrm{n}}(\cos\alpha + k_g \sin\alpha) - \bar{q}_{\mathrm{t}}(\sin\alpha - k_g \cos\alpha)\right] \tag{3.22}$$

式中：k_g 为边坡外轮廓线 g 在 E 点的斜率。

若点 F 碰巧是边坡外轮廓线 g 的不光滑点（图 3.2），可任取交于 F 点的两个坡段的斜率，原因是初始的滑面正应力分布 σ_0 并不需要特别准确，因为随后还将对其进行修正。

虽然通常情况下，条间力 Z_{v} 和 Z_{h} 在滑面两端为零，但其导数 $\frac{\mathrm{d}Z_{\mathrm{v}}}{\mathrm{d}x}$ 和 $\frac{\mathrm{d}Z_{\mathrm{h}}}{\mathrm{d}x}$ 却未必为零。由式（3.18）和式（3.19）可见，滑面两端的正应力也未必为零。因此，在构造滑面正应力分布时，无须使其满足滑面两端为零的条件。对于滑面正应力的分布形式，由式（3. 18）可这样构造其逼近式：

$$\sigma = \sigma_0 + f\left(x; a', b'\right) \tag{3.23}$$

式中：$f\left(x; a', b'\right)$ 为滑面应力修正函数，a' 和 b' 为两个待定参数。

之所以引入待定参数是因为仅有的三个平衡方程[式（3.4）]，只能用来求解三个未知数，而安全系数 F_{s} 已经占据了未知量中的一个。

本书将 $f\left(x; a', b'\right)$ 取为线性函数：

$$f\left(x; a', b'\right) = a' l_{a'}(x) + b' l_{b'}(x) \tag{3.24}$$

其中，

$$l_{a'}(x)=-\frac{x-\overline{x}_{b'}}{\overline{x}_{b'}-\overline{x}_{a'}}\text{，}\quad l_{b'}(x)=\frac{x-\overline{x}_{b'}}{\overline{x}_{b'}-\overline{x}_{a'}} \tag{3.25}$$

式中：$\overline{x}_{b'}$ 和 $\overline{x}_{a'}$ 分别为滑面 S 两个端点的 x 坐标。

然而文献[168]和[23]却采用了不同于式（3.23）的修正方式。文献[168]的修正方式是

$$\sigma=a'\sigma_0+b\sin 2\pi\frac{x-\overline{x}_{a'}}{\overline{x}_{b'}-\overline{x}_{a'}} \tag{3.26}$$

文献[23]的修正方式为

$$\sigma=\sigma_0\left[a'l_{a'}(x)+b'l_{b'}(x)\right] \tag{3.27}$$

对上述三种修正方式都进行了测试，结果表明，类似于滑面应力分布[自然分布方式式（3.18）]的式（3.23）效果最佳。

3.4　关于 F_s、a'和 b'的线性方程组

将式（3.23）和式（3.24）代入方程组（3.4）得

$$\boldsymbol{g}(F_s,a',b')\equiv F_s(a'\boldsymbol{u}_1+b'\boldsymbol{u}_2+\boldsymbol{u}_3)+a'\boldsymbol{u}_4+b'\boldsymbol{u}_5+\boldsymbol{u}_6=\boldsymbol{0} \tag{3.28}$$

式中：$\boldsymbol{g}$（$\mathbf{R}^3\rightarrow\mathbf{R}^3$）为由式（3.28）定义的关于 F_s、a'和 b'的三阶非线性向量函数；$\boldsymbol{u}_1$，$\boldsymbol{u}_2$，…，$\boldsymbol{u}_6$ 为 6 个三阶向量，定义为

$$u_{1,i}=\int_s \Delta x_{ci}l_{a'}\mathrm{d}x+\Delta y_{ci}l_{a'}\mathrm{d}y \tag{3.29}$$

$$u_{2,i}=\int_s \Delta x_{ci}l_{b'}\mathrm{d}x+\Delta y_{ci}l_{b'}\mathrm{d}y \tag{3.30}$$

$$u_{3,i}=m_{ci}+\int_s \Delta x_{ci}\sigma_0\mathrm{d}x+\Delta y_{ci}\sigma_0\mathrm{d}y \tag{3.31}$$

$$u_{4,i}=-\int_s f_e\Delta y_{ci}l_{a'}\mathrm{d}x-f_e\Delta x_{ci}l_{a'}\mathrm{d}y \tag{3.32}$$

$$u_{5,i}=-\int_s f_e\Delta y_{ci}l_{b'}\mathrm{d}x-f_e\Delta x_{ci}l_{b'}\mathrm{d}y \tag{3.33}$$

$$u_{6,i}=-\int_s (c_w+f_e\sigma_0)\Delta y_{ci}\mathrm{d}x-(c_w+f_e\sigma_0)\Delta x_{ci}\mathrm{d}y \tag{3.34}$$

值得一提的是将文献[166]和[23]定义的修正方式式（3.26）和式（3.27）分别代入式（3.4），也能得到与式（3.28）完全相同的形式。

式（3.28）中的三个方程分别代表 F_s-a'-b'空间中的一个锥面，利用式（3.28）中的前两式解出 a'和 b'，然后再代入式（3.31），可以得到关于 F_s 的一个一元三次方程。事实上，这也是文献[7]和[9]所采用的技术，它相当于给出了式（3.28）的存在性证明：因为一元三次方程至少存在一个实根，在解得这个实根后回代即可解得相应的 a'和 b'。

还可以证明式（3.28）存在唯一的、安全系数为正的实数解，但证明过程比较烦琐，限于篇幅从略。

既然式（3.28）的解是存在且唯一的，就可以选择牛顿法来进行求解。而且它的牛顿法对初值的选择不敏感，以下面算例为例，若分别给 F_s 以初值-1 000 和 1 000，a'和 b'

的初值都取为 0，都仅用了五次迭代就已经达到了 10^{-9} 量级的绝对误差；即使将 F_s 的初值取为它的禁忌值 0，也在八次迭代内就达到了 10^{-12} 量级的绝对误差。整体法导出的式（3.28）这种优异的数值特性是任何其他严格条分法所不能比拟的。众所周知，即使对于非常简单的问题，严格条分法的牛顿法的收敛范围都很小，迄今为止，所有严格条分法都存在不收敛的例子，即便是收敛特性较好的 Spencer 法[10]。

对于三维问题，通过整体分析仍然可以得到一个多项式方程组，若再利用消去法得到的是一个关于 F_s 的五次或六次代数方程，数学上已经有了非常成熟的同伦延拓算法来找出它的全部孤立的实根和虚根。

若滑面由分段解析的曲线段（如直线段或圆弧）所组成，式（3.29）～式（3.34）的积分可被精确计算出来，这在经典的条分法中也是无法实现的。

然而考虑到滑面形式的多样性，条分法的经验表明，当条块数充分大时，安全系数对条块数并不敏感，因此本书也采用类似的处理：将滑面等分成若干个长度相同的小区间，每个小区间都视为常数——等于其区间中心点的法向应力，然后再对式（3.29）～式（3.34）进行中心积分。

3.5　滑体内推力线的确定

设剖面线 $x=x_0$ 将滑体分割成上、下两个滑体，现在，来求上滑体对下滑体 Ω_L 的推力 t_h、t_v 及其合力作用点位置的 y 坐标 y_0。图 3.3 显示了作用在下滑体上的力系示意图。

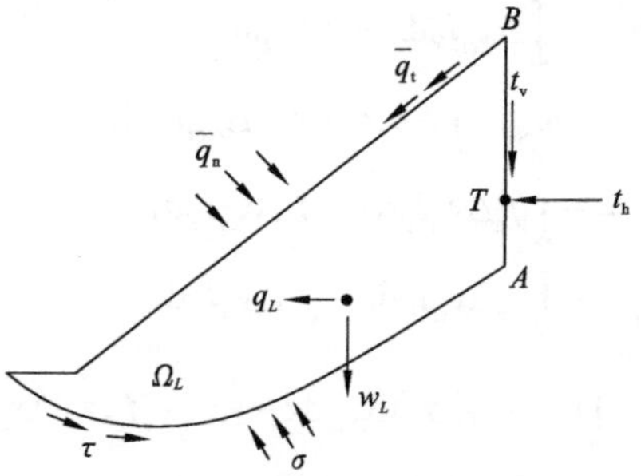

图 3.3　下滑体的受力示意图

利用两个力平衡条件可得水平和竖向推力分别为

$$\begin{aligned} t_h &= -q_{L'} - \int_{L'} q_{L'} \mathrm{d}x - q_n \mathrm{d}y \\ t_v &= -w_{L'} - \int_{L'} q_n \mathrm{d}x + q_t \mathrm{d}y \end{aligned} \tag{3.35}$$

式中：L'为下滑体逆时针走向的外部边界，即 $L' = \partial\Omega_{L'} - AB$；$w_{L'}$和 $q_{L'}$分别为下滑体的重力和地震力，计算方法见 3.3 节；q_n和 q_t为 L'上的面力。

再取坐标原点为力矩中心，可以求得推力合力作用点的 y 坐标：

$$y_0 = \frac{1}{t_h}\left[x_0 t_v - m_{L'} - \int_{L'}(xq_n - yq_t)\,dx + (xq_t + yq_n)dy\right] \tag{3.36}$$

式中：$m_{L'}$为 $w_{L'}$和 $q_{L'}$关于原点的力矩，计算方法见 3.3 节。

3.6 算例与讨论

本章采用澳大利亚 ACADS 边坡稳定分析的调查程序中的考题 3b 进行分析，见图 3.4，所有数据均来自文献[2]。土性参数见表 3.1。

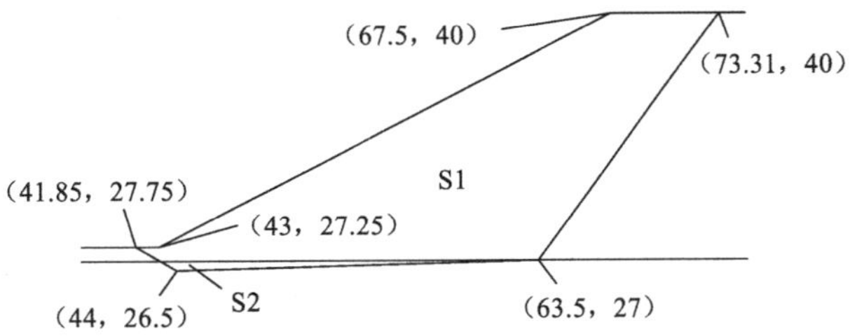

图 3.4　边坡几何参数

表 3.1　边坡物理力学参数

土体	c/kPa	φ/（°）	γ/（kN/m^3）
S1	28.5	20	18.84
S2	0	10	18.84

程序取初值：$F_s^0=1$，$a'=b'=0$，并经过五次迭代后即可使安全系数的绝对误差小于 10^{-8}。所算得的安全系数为 1.338，比较接近于 Baker 和 Donald 的结果（1.34～1.37）[2]。但作者并不认可这一结果，因为其推力线在靠近滑面顶部时出现严重振荡，如图 3.5 所示，且当 $x>71.5$ m 时，滑体内的垂直剖面内的水平推力为负值。

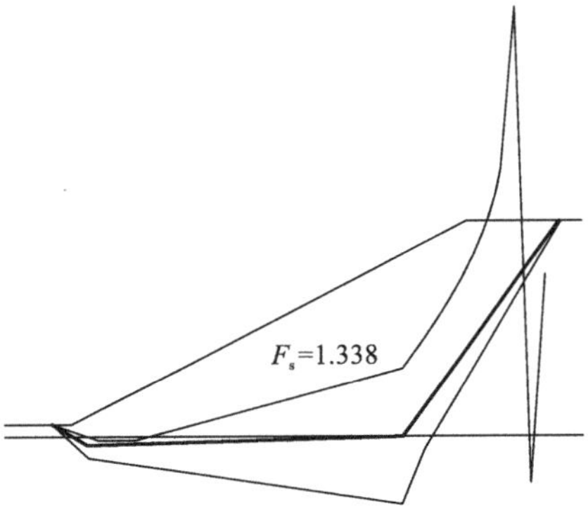

图 3.5　推力线和滑面正应力

若滑体确实是具有充分大抗拉强度的刚体，这一结果属于正常情况，因为当滑体即将下滑时，会将滑面的法向应力向它的顶端和滑面右边第二个拐点（63.5，27）（图 3.4）转移，结果使滑面顶部的法向应力过大而导致在靠近滑面顶部的滑体内出现拉应力，从而使推力线跑到滑体外面。

解决这一问题的办法之一是增设拉力缝。基于以上分析，在 $x=72$ m 的部位增设一竖向拉力缝，就解决了推力线临近滑面顶端时的振荡现象，见图 3.6。新的安全系数为 1.287，明显低于未设拉裂缝的 1.338。

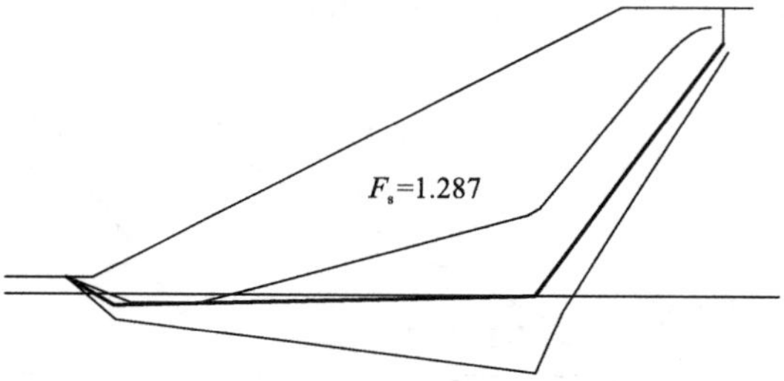

图 3.6　增设拉裂缝后的计算结果

在增设拉裂缝后，利用商用软件 Geo-Slope 进行了分析。令人遗憾的是，该软件提供的所有方法都无法给出一个静力许可的力系：总有一部分条块底部的正压力或条间推力出现负值。这里仅给出 Spencer 法的结果（图 3.7），其中有部分跑出滑体外的条间推力线因振幅过大而被截去[170]。

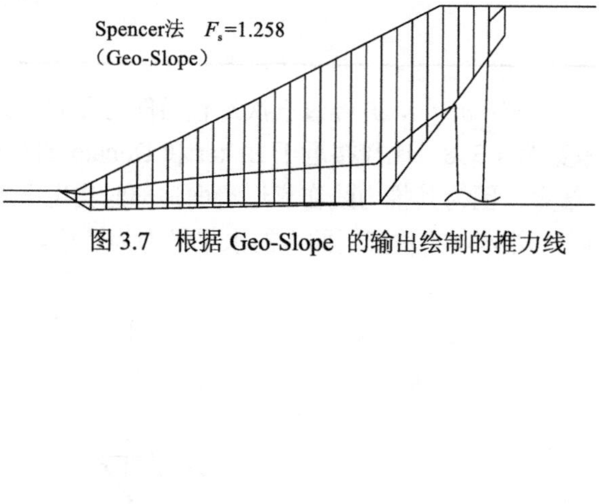

图 3.7　根据 Geo-Slope 的输出绘制的推力线

第 4 章　基于 Morgenstern-Price 假定的整体分析法

本章为了利用整体分析法和局部分析法各自的优点，首先，基于 Morgenstern-Price[8] 关于条间力的假定，得到了滑面上正应力分布的表达式。其次，以整个滑体，而不是单个条块为研究对象，建立对三点的弯矩整体平衡方程。再次，对得到的滑面上的正应力进行三种不同方式的修正，并分别进行讨论。最后，研究三种不同的正应力表达式对安全系数、滑面上正应力及推力线的影响[171]。

4.1　边坡稳定性分析的整体平衡方程

如图 4.1 所示，将由边坡外轮廓线 ACB 和一个潜在的滑面 ADB 所围成的平面区域 Ω 定义为滑坡体，滑坡体内可由多种岩土材料组成。该滑坡体受到的主动力包括体积力（包括自重和水平地震力等）和作用在外轮廓线 ACB 上的面力或集中力；所受到的约束反力包括滑面上的正应力 $\sigma(x)$和切向应力 $\tau(x)$。

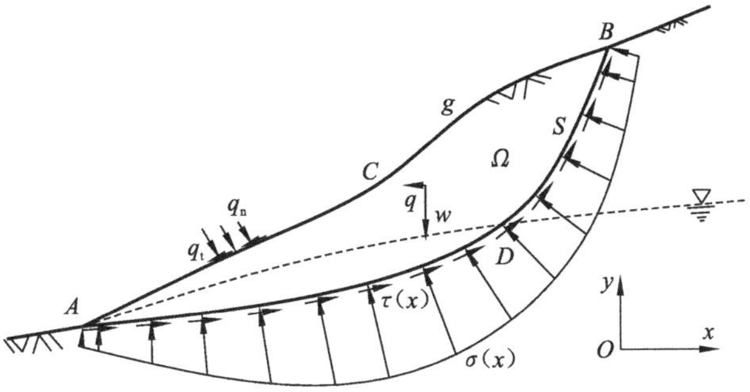

图 4.1　滑坡体和受力示意图

任取不在同一直线上的三个点（x_{ci}，y_{ci}）（i=1，2，3）为力矩中心，因为 Ω 处于平衡状态，所以作用于其上的力系关于这三个力矩中心的和力矩为 0，因此可以得到

$$\int_S (\Delta x_{ci}\sigma - \Delta y_{ci}\tau)\mathrm{d}x + (\Delta x_{ci}\tau + \Delta y_{ci}\sigma)\mathrm{d}y + m_{ci} = 0 \tag{4.1}$$

式中：m_{ci} 为作用在滑坡体 Ω 上的所有主动力关于点（x_{ci}，y_{ci}）的力矩；x_{ci} 和 y_{ci} 为（x_{ci}，y_{ci}）到滑面上点（x，y）的位矢分量，

$$\Delta x_{ci} = x - x_{ci}，\ \Delta y_{ci} = y - y_{ci}$$

如果不做特别声明，本节中的角标 i 都是自由角标，当它出现在一个公式中时，就

表示指标 i 将遍历 1、2 和 3，也就是依次取三个力矩中心(x_{ci}，y_{ci})后所得到的三个公式。同时，为了叙述上的简单，假设该边坡为右坡，即坡面高度随着 x 坐标的增加而上升。

假定滑面满足莫尔-库仑强度准则，即等滑坡体处于极限平衡状态时，

$$\tau = \frac{1}{F_s}[c_e + f_e(\sigma - u)] \equiv \frac{1}{F_s}[c_w + f_e\sigma] \tag{4.2}$$

式中：F_s 为安全系数；c_e、f_e 为有效应力抗剪强度参数；u 为孔隙水压力，

$$c_w = c_e - f_e u$$

将式（4.2）代入式（4.1），可以得到以滑面上法向应力为未知函数的积分方程组：

$$\int_S L_{ci}^x \sigma \mathrm{d}x + L_{ci}^y \sigma \mathrm{d}y + m_{ci} F_s + d_{ci} = 0 \tag{4.3}$$

其中，

$$L_{ci}^x = F_s \Delta x_{ci} - f_e \Delta y_{ci}, \quad L_{ci}^y = F_s \Delta y_{ci} + f_e \Delta x_{ci}$$
$$d_{ci} = \int_S c_w \Delta x_{ci} \mathrm{d}y - c_w \Delta y_{ci} \mathrm{d}x$$

4.2 基于 Morgenstern-Price 假定的滑面正应力描述

为了给出合理的滑面正应力分布，如图 4.2 所示，垂直微条块 δx 取自滑坡体 Ω，图中标注的是其受力。作用力 $\boldsymbol{t}_i$ 和 $\boldsymbol{t}_{i+1}$ 分别是微条块左右两侧条块对其的作用力，两者的合力为 $\delta \boldsymbol{t}$，它的两个分量分别为 δt_x 和 δt_y，即

$$\delta \boldsymbol{t} = \boldsymbol{t}_i + \boldsymbol{t}_{i+1} = (\delta t_x, \delta t_y)^{\mathrm{T}} \tag{4.4}$$

其中，T 指转置。

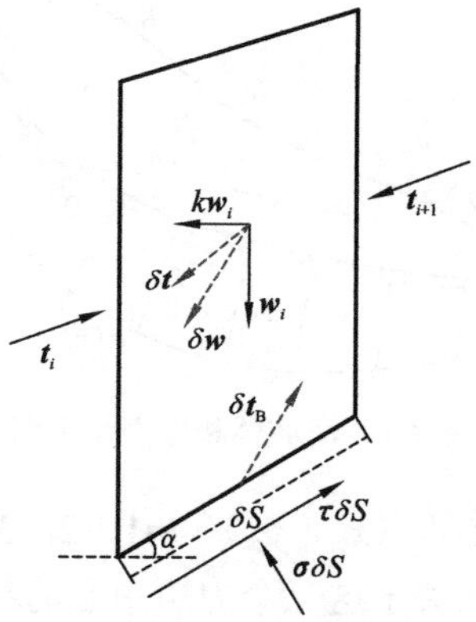

图 4.2　作用于典型微条块上的力

这里引入了 Morgenstern-Price 假设[8]，用来描述垂直方向剪力与水平方向推力之间的关系，即

$$\delta t_y = \lambda \delta t_x \tag{4.5}$$

其中，

$$\lambda = \lambda' f(x) \tag{4.6}$$

式中：λ'为待定的系数；$f(x)$ 为来自 Morgenstern-Price 假定的条间力函数[8]，是人为确定的，4.3 节将详细介绍。

基于该假定，式（4.4）中的 $\delta\boldsymbol{t}$ 可表述为

$$\delta\boldsymbol{t} = \delta t_x(1,\lambda)^{\mathrm{T}} \tag{4.7}$$

图 4.2 中的 $\delta\boldsymbol{t}_{\mathrm{B}}$ 为条块底部面积为 δS 的滑面上的反力，它是总法向力 $\boldsymbol{\sigma}\delta S$ 和摩擦力 $\boldsymbol{\tau}\delta S$ 的合力。由式（4.2）知，$\delta\boldsymbol{t}_{\mathrm{B}}$ 表述为

$$\delta\boldsymbol{t}_{\mathrm{B}} = \begin{pmatrix} \left(-\sin\alpha + \dfrac{f_{\mathrm{e}}}{F_{\mathrm{s}}}\cos\alpha\right)\sigma + \dfrac{c_{\mathrm{w}}}{F_{\mathrm{s}}}\cos\alpha \\ \left(\cos\alpha + \dfrac{f_{\mathrm{e}}}{F_{\mathrm{s}}}\sin\alpha\right)\sigma + \dfrac{c_{\mathrm{w}}}{F_{\mathrm{s}}}\sin\alpha \end{pmatrix}\delta S \tag{4.8}$$

最后，作用在该微条块上的力为体力，表示为 $\delta\boldsymbol{w}$，它可以由重力或地震力等构成。如图 4.2 所示，在上述所有力系作用下，微条块的力平衡为

$$\delta\boldsymbol{t} + \delta\boldsymbol{t}_B + \delta\boldsymbol{w} = \boldsymbol{0} \tag{4.9}$$

将式（4.4）和式（4.8）代入式（4.9），可得

$$\begin{pmatrix}1\\ \lambda\end{pmatrix}\delta t_x + \begin{pmatrix} -\sin\alpha + \dfrac{f_{\mathrm{e}}}{F_{\mathrm{s}}}\cos\alpha \\ \cos\alpha + \dfrac{f_{\mathrm{e}}}{F_{\mathrm{s}}}\sin\alpha \end{pmatrix}\sigma\delta S + \begin{pmatrix} \dfrac{c_{\mathrm{w}}}{F_{\mathrm{s}}}\cos\alpha \\ \dfrac{c_{\mathrm{w}}}{F_{\mathrm{s}}}\sin\alpha \end{pmatrix}\delta S + \delta\boldsymbol{w} = \boldsymbol{0} \tag{4.10}$$

其中，δt_x 和 σ 为未知变量。

将式（4.10）乘以 F_{s}，然后除以 δS，可以得到

$$\begin{pmatrix}1\\ \lambda\end{pmatrix}\frac{F_{\mathrm{s}}\delta t_x}{\delta S} + \begin{pmatrix} -F_{\mathrm{s}}\sin\alpha + f_{\mathrm{e}}\cos\alpha \\ F_{\mathrm{s}}\cos\alpha + f_{\mathrm{e}}\sin\alpha \end{pmatrix}\sigma + \begin{pmatrix} c_{\mathrm{w}}\cos\alpha \\ c_{\mathrm{w}}\sin\alpha \end{pmatrix} + F_{\mathrm{s}}\frac{\delta\boldsymbol{w}}{\delta S} = \boldsymbol{0} \tag{4.11}$$

令 $\delta S\to 0$，并且引入新的符号

$$P_x \equiv \lim_{\delta S\to 0}\frac{F_{\mathrm{s}}\delta t_x}{\delta S} \tag{4.12}$$

和

$$\boldsymbol{w}' \equiv \lim_{\delta S\to 0}\frac{\delta\boldsymbol{w}}{\delta S} \equiv (w'_x, w'_y)^{\mathrm{T}} \tag{4.13}$$

式（4.11）将变成一个关于未知量 P_x 和 σ 的线性方程组：

$$\begin{pmatrix}1\\ \lambda\end{pmatrix}P_x + \begin{pmatrix} -F_{\mathrm{s}}\sin\alpha + f_{\mathrm{e}}\cos\alpha \\ F_{\mathrm{s}}\cos\alpha + f_{\mathrm{e}}\sin\alpha \end{pmatrix}\sigma + \begin{pmatrix} c_{\mathrm{w}}\cos\alpha \\ c_{\mathrm{w}}\sin\alpha \end{pmatrix} + \begin{pmatrix} w'_x \\ w'_y \end{pmatrix}F_{\mathrm{s}} = \boldsymbol{0} \tag{4.14}$$

式（4.14）可以等价地表述为一个线性方程组的矩阵形式：

$$\boldsymbol{Ax}=\boldsymbol{b} \tag{4.15}$$

其中，未知向量为

$$\boldsymbol{x}=(P_x,\sigma)^{\mathrm{T}}$$

右端向量为

$$\boldsymbol{b}=-\begin{pmatrix} c_{\mathrm{w}}\cos\alpha+w'_xF_{\mathrm{s}} \\ c_{\mathrm{w}}\sin\alpha+w'_yF_{\mathrm{s}} \end{pmatrix}$$

2×2 阶的系数矩阵为

$$\boldsymbol{A}=\begin{pmatrix} 1 & -F_{\mathrm{s}}\sin\alpha+f_{\mathrm{e}}\cos\alpha \\ \lambda & F_{\mathrm{s}}\cos\alpha+f_{\mathrm{e}}\sin\alpha \end{pmatrix}$$

利用克拉默法则（Cramer rule）求解方程组（4.15），可以得到用 F_{s} 和 λ 表达的未知量 P_x 和 σ 的解。这里只需要 σ 的解，即由 Morgenstern-Price 假定得到滑面 S 上的正应力：

$$\sigma_{\mathrm{MP}}=\frac{L_{\mathrm{MP}}}{Q_{\mathrm{MP}}} \tag{4.16}$$

式中：σ_{MP} 为变量 F_{s} 和 λ 的非线性函数，其中，

$$Q_{\mathrm{MP}}=(F_{\mathrm{s}}\cos\alpha+f_{\mathrm{e}}\sin\alpha)-\lambda(-F_{\mathrm{s}}\sin\alpha+f_{\mathrm{e}}\cos\alpha) \tag{4.17}$$

$$L_{\mathrm{MP}}=\lambda(c_{\mathrm{w}}\cos\alpha+w'_xF_{\mathrm{s}})-(c_{\mathrm{w}}\sin\alpha+w'_yF_{\mathrm{s}}) \tag{4.18}$$

这时假设重力为作用在滑坡体 Ω 上唯一的外力，则

$$\delta\boldsymbol{w}=(0,-\gamma h\cdot\delta S\cos\alpha)^{\mathrm{T}} \tag{4.19}$$

式中：h 为图 4.2 中微条块中线的长度；γ 为岩土体的重度。

这样，$\boldsymbol{w}'$可以表述为

$$\boldsymbol{w}'\equiv\lim_{\delta S\to 0}\frac{\delta\boldsymbol{w}}{\delta S}\equiv(w'_x,w'_y)^{\mathrm{T}}\equiv(0,-\gamma h\cos\alpha)^{\mathrm{T}} \tag{4.20}$$

4.3 滑面上正应力的修正和数值求解

从 Morgenstern-Price 假定推导得到的正应力 σ_{MP} 是滑面上正应力的主要组成部分，但还是需要更进一步逼近真实的正应力 σ。为了提高滑面上正应力 σ 的精度，可以对 σ_{MP} 进行修正，表达如下：

$$\sigma=R(\sigma_{\mathrm{MP}}) \tag{4.21}$$

这里，表达式的右侧是对 σ_{MP} 修正的函数。

由于式（4.3）只有三个方程，也就是只能求解三个未知数，而安全系数 F_{s} 和 σ_{MP} 中的系数 λ'，已经占据了两个未知数。因此，为了使式（4.3）可解，式（4.21）中只能新增一个未知数。式（4.21）中只能提供有限的未知数，像其他极限平衡法一样，无法得到真实的滑面正应力。在极限平衡法的框架下，包括滑面上正应力在内的所有力系能使问题静定可解即可。理论上讲，从 4.2 节推导可见，静定可解或文献[8]建议的合理性条件，可以通过式（4.6）中的条间力函数 f（x）来满足。

本章中，滑坡体滑面上的正应力 R（$\sigma_{\rm MP}$）可分别表达为

$$\sigma = R(\sigma_{\rm MP}) = \sigma_{\rm MP} + \lambda_0 x \tag{4.22a}$$

$$\sigma = R(\sigma_{\rm MP}) = \lambda_0 + \sigma_{\rm MP} \tag{4.22b}$$

$$\sigma = R(\sigma_{\rm MP}) = \lambda_0 \sigma_{\rm MP} \tag{4.22c}$$

式中：x 为滑面上正应力的 x 坐标；λ_0 为一个待定的变量。

现在可将式（4.22）的三式分别代入式（4.3），得到如下非线性方程组：

$$\boldsymbol{G}(\boldsymbol{\lambda}) \equiv \int_S \boldsymbol{L}_{\rm c}^x \sigma {\rm d}x + \boldsymbol{L}_{\rm c}^y \sigma {\rm d}y + \boldsymbol{m}_{\rm c} F_{\rm s} + \boldsymbol{d}_{\rm c} = \boldsymbol{0} \tag{4.23}$$

其中，

$$\begin{cases} \boldsymbol{L}_{\rm c}^x \equiv (L_{\rm c1}^x, L_{\rm c2}^x, L_{\rm c3}^x)^{\rm T} \\ \boldsymbol{L}_{\rm c}^y \equiv (L_{\rm c1}^y, L_{\rm c2}^y, L_{\rm c3}^y)^{\rm T} \\ \boldsymbol{m}_{\rm c} \equiv (m_{\rm c1}, m_{\rm c2}, m_{\rm c3})^{\rm T} \\ \boldsymbol{d}_{\rm c} \equiv (d_{\rm c1}, d_{\rm c2}, d_{\rm c3})^{\rm T} \end{cases}$$

式中，未知数构成的向量 $\boldsymbol{\lambda} \in \mathbf{R}^3$，其分量为 $\lambda^1 \equiv F_{\rm s}$，$\lambda^2 \equiv \lambda$ 和 $\lambda^3 \equiv \lambda_0$。向量值函数 $\boldsymbol{G}(\boldsymbol{\lambda})$ 为不平衡力矩的向量。

式（4.23）可以采用拟牛顿法[172]来求解。这里，求解过程中需要 $\boldsymbol{G}(\boldsymbol{\lambda})$ 的雅可比（Jacobian）矩阵，定义为 $D\boldsymbol{G}$：

$$D\boldsymbol{G}(\boldsymbol{\lambda}) \equiv \frac{\partial \boldsymbol{G}(\boldsymbol{\lambda})}{\partial \boldsymbol{\lambda}} = [D\boldsymbol{G}_1, D\boldsymbol{G}_2, D\boldsymbol{G}_3] \tag{4.24}$$

其中，三个列向量 $D\boldsymbol{G}_i\ (i=1,2,3)$ 表达如下：

$$D\boldsymbol{G}_1 \equiv \frac{\partial \boldsymbol{G}(\boldsymbol{\lambda})}{\partial F_{\rm s}} = \int_S \frac{\partial \boldsymbol{L}_{\rm c}^x}{\partial F_{\rm s}} \sigma {\rm d}x + \frac{\partial \sigma}{\partial F_{\rm s}} \boldsymbol{L}_{\rm c}^x {\rm d}x + \frac{\partial \boldsymbol{L}_{\rm c}^y}{\partial F_{\rm s}} \sigma {\rm d}y + \frac{\partial \sigma}{\partial F_{\rm s}} \boldsymbol{L}_{\rm c}^y {\rm d}y + \boldsymbol{m}_{\rm c}$$

$$D\boldsymbol{G}_2 \equiv \frac{\partial \boldsymbol{G}(\boldsymbol{\lambda})}{\partial \lambda} = \int_S \frac{\partial \sigma}{\partial \lambda} \boldsymbol{L}_{\rm c}^x {\rm d}x + \frac{\partial \sigma}{\partial \lambda} \boldsymbol{L}_{\rm c}^y {\rm d}y$$

$$D\boldsymbol{G}_3 \equiv \frac{\partial \boldsymbol{G}(\boldsymbol{\lambda})}{\partial \lambda_0} = \int_S \frac{\partial \sigma}{\partial \lambda_0} \boldsymbol{L}_{\rm c}^x {\rm d}x + \frac{\partial \sigma}{\partial \lambda_0} \boldsymbol{L}_{\rm c}^y {\rm d}y$$

式中：$\dfrac{\partial \boldsymbol{L}_{\rm c}^x}{\partial F_{\rm s}}$ 和 $\dfrac{\partial \boldsymbol{L}_{\rm c}^y}{\partial F_{\rm s}}$ 可以通过式（4.3）中 $L_{{\rm c}i}^x$、$L_{{\rm c}i}^y$ 的表达式推导；$\dfrac{\partial \sigma}{\partial F_{\rm s}}$、$\dfrac{\partial \sigma}{\partial \lambda}$ 和 $\dfrac{\partial \sigma}{\partial \lambda_0}$ 可以分别从式（4.22）推导得到。下面是详细的表达式。

1）从式（4.22a）推导

σ 对 λ 的梯度向量的所有分量可以表达为

$$\frac{\partial \sigma}{\partial F_{\rm s}} = \frac{\partial \sigma_{\rm MP}}{\partial F_{\rm s}} = \frac{\dfrac{\partial L_{\rm MP}}{\partial F_{\rm s}} Q - \dfrac{\partial Q_{\rm MP}}{\partial F_{\rm s}} L_{\rm MP}}{Q_{\rm MP}^2} \tag{4.25}$$

其中，

$$\frac{\partial Q}{\partial F_s}=\cos\alpha+\lambda\sin\alpha$$

$$\frac{\partial L}{\partial F_s}=\lambda w_x'-w_y'$$

$$\frac{\partial\sigma}{\partial\lambda}=\frac{\partial\sigma_{\mathrm{MP}}}{\partial\lambda}=\frac{\frac{\partial L_{\mathrm{MP}}}{\partial\lambda}Q_{\mathrm{MP}}-\frac{\partial Q_{\mathrm{MP}}}{\partial\lambda}L_{\mathrm{MP}}}{Q_{\mathrm{MP}}^2} \tag{4.26}$$

其中，

$$\frac{\partial Q_{\mathrm{MP}}}{\partial\lambda}=F_s\sin\alpha-f_{\mathrm{e}}\cos\alpha$$

$$\frac{\partial L_{\mathrm{MP}}}{\partial\lambda}=c_{\mathrm{W}}\cos\alpha+w_x'F_s$$

$$\frac{\partial\sigma}{\partial\lambda_0}=x \tag{4.27}$$

2）从式（4.22b）推导

$\frac{\partial\sigma}{\partial F_s}$的表达式与式（4.25）相同，$\frac{\partial\sigma}{\partial\lambda}$的表达式与式（4.26）相同，而

$$\frac{\partial\sigma}{\partial\lambda_0}=1 \tag{4.28}$$

3）从式（4.22c）推导

σ对λ的梯度向量的所有分量可以表达为

$$\frac{\partial\sigma}{\partial F_s}=\lambda_0\frac{\partial\sigma_{\mathrm{MP}}}{\partial F_s}=\lambda_0\frac{\frac{\partial L_{\mathrm{MP}}}{\partial F_s}Q_{\mathrm{MP}}-\frac{\partial Q_{\mathrm{MP}}}{\partial F_s}L_{\mathrm{MP}}}{Q_{\mathrm{MP}}^2} \tag{4.29}$$

$$\frac{\partial\sigma}{\partial\lambda}=\lambda_0\frac{\partial\sigma_{\mathrm{MP}}}{\partial\lambda}=\lambda_0\frac{\frac{\partial L_{\mathrm{MP}}}{\partial\lambda}Q_{\mathrm{MP}}-\frac{\partial Q}{\partial\lambda}L_{\mathrm{MP}}}{Q_{\mathrm{MP}}^2} \tag{4.30}$$

$$\frac{\partial\sigma}{\partial\lambda_0}=\sigma_{\mathrm{MP}} \tag{4.31}$$

在本书中，方程求解的迭代过程采用如下条件结束迭代，即如果满足如下条件即结束迭代，得到未知数的解。该条件表达为

$$\Delta F_s<\varepsilon_{F_s} \tag{4.32}$$

式中：ΔF_s为两个连续迭代步之间的差值；ε_{F_s}为人为定义的安全系数容许值。

在后面的所有算例中，$\varepsilon_{F_s}=10^{-3}$，均采用牛顿法[172]。滑坡体的边界离散成微小线段网格。在微小线段网格上，滑面的正应力假定为常数。

4.4　数值算例与验证

基于前面的理论推导和求解方法，将采用两个典型的算例来验证该方法的精度和鲁棒性，两个算例的迭代次数均不超过 5。

4.4.1　算例 1：圆弧形滑面边坡

图 4.3 为一个圆弧滑面的均质滑坡体。该滑坡体抗剪强度参数 $c_e = 20$ kPa，$\varphi_e = 20°$，重度为 $\gamma = 16$ kN/m^3。该算例在 Abramson[173]的著作里进行了详尽的研究，用各种传统极限平衡法得到的安全系数见表 4.1。该分析中，在 x 轴方向上，滑面被等分成 100 个小段。将本方法和 Morgenstern-Price 法中的半余弦函数作为条间力函数。

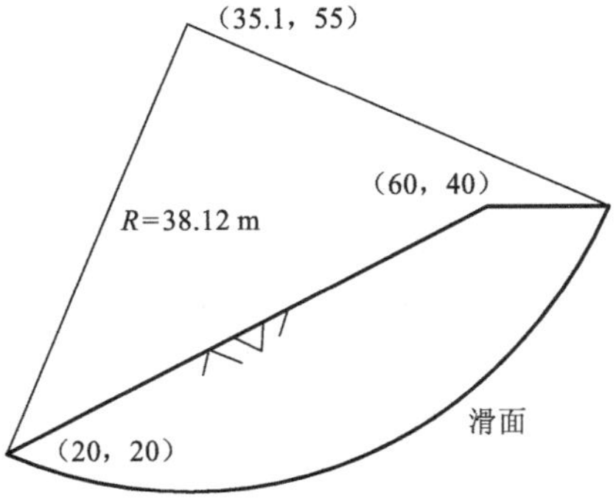

图 4.3　算例 1 边坡几何参数

表 4.1　算例 1 的安全系数

方法	Fellenius 法	简化 Bishop 法	简化 Janbu 法	修正 Janbu 法	Spencer 法	Lowe Karafiath 法[6]	Morgenstern-Price 法	本章方法
F_s	1.452	1.586	1.424	1.529	1.584	1.615	1.582	1.585

传统的 Morgenstern-Price 法[8]所得安全系数为 1.582，Spencer 法[10]所得安全系数为 1.584，Bishop 法[5]所得结果为 1.586，本书建议的方法所得安全系数为 1.585。计算所得的安全系数中最大值为 1.615，来自文献[6]，该方法仅仅满足力的平衡条件；然而最小值为 1.424，来自简化 Janbu 法[3]，该方法也是一个力平衡方法。同时满足力平衡和力矩平衡条件的方法所得的安全系数差别不大。众所周知，Bishop 法[5]是一种仅适用于圆弧滑面的严格极限平衡法。

采用不同的修正方法[式（4.22a）～式（4.22c）]所得的安全系数相等，都是 1.585。如图 4.4 所示，三种滑面上正应力的逼近方式下所得滑面上总正应力基本相同。也就是说，从这个圆弧形滑面的滑坡体来看，采用三种滑面正应力逼近方式所得的安全系数和滑面上正应力没有差别。三种滑面正应力逼近方式所得的推力线也在图 4.4 中画出。可以看出，在坡顶附近推力线都出现了振荡性，这与传统的Morgenstern-Price法是一样的。观察三者的振荡性，式（4.22c）对σ_{MP}修正后所得的推力线的振荡性是最小的。

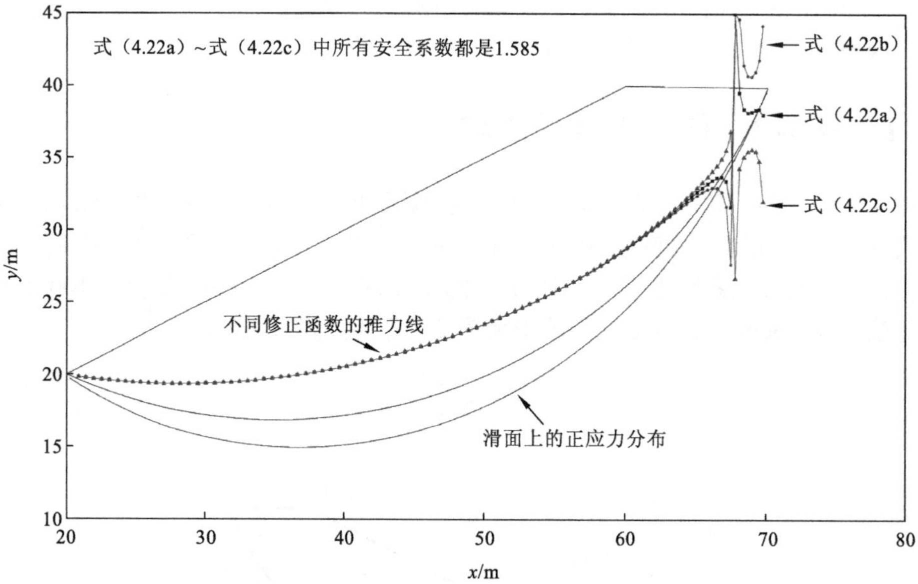

图4.4　滑体推力线与滑面正应力（算例1）

为了消除坡顶附近推力线的振荡性，可以在坡顶附近设置拉裂缝，因为在坡顶附近是张拉破坏，而不是压剪破坏。如果在离坡顶3 m处的$x = 66.86$设置拉裂缝，三种修正方法所得的安全系数均为1.574，而所有的推力线都位于滑坡体内。但是，如图4.5所示，由式（4.22a）和式（4.22c）所得的推力线是相同的，但是由式（4.22b）所得的推力线稍微不同。

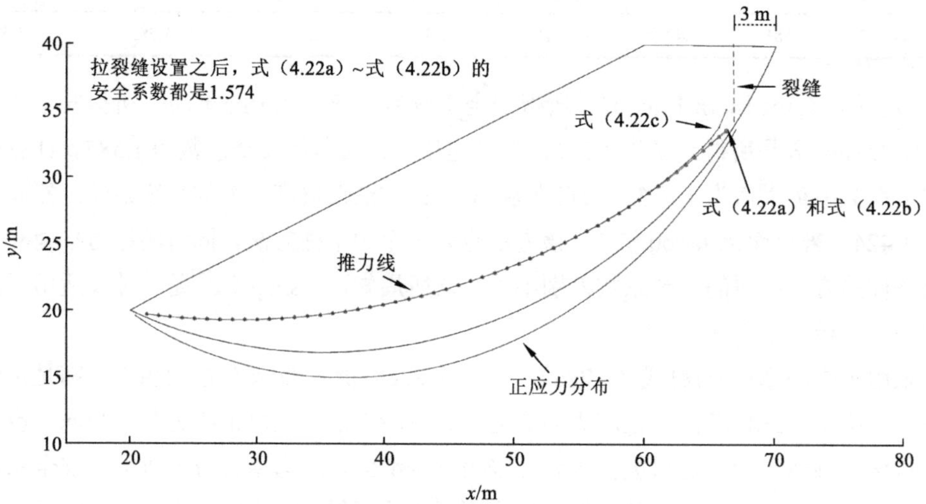

图4.5　滑体推力线与滑面正应力（裂缝，算例1）

4.4.2 算例 2：非圆弧滑面边坡

凯特尔曼山（Kettleman Hills）填埋场（B-19 填埋场）位于美国加利福尼亚州凯特尔曼城市郊区，是一个 I 类危险废弃物填埋场[174]。该填埋场占地约为 3 600 m^2，填埋场底部近乎水平，侧壁坡度为 1∶2 或 1∶3，其内堆填垃圾高度约为 27.4 m，是一个典型的“山谷形”填埋场。为了防止有害物质侵入周边土壤，在填埋场底部及侧面均铺设了由黏性土、土工合成材料等组成的衬垫系统。图 4.6 是其剖面位置示意图。

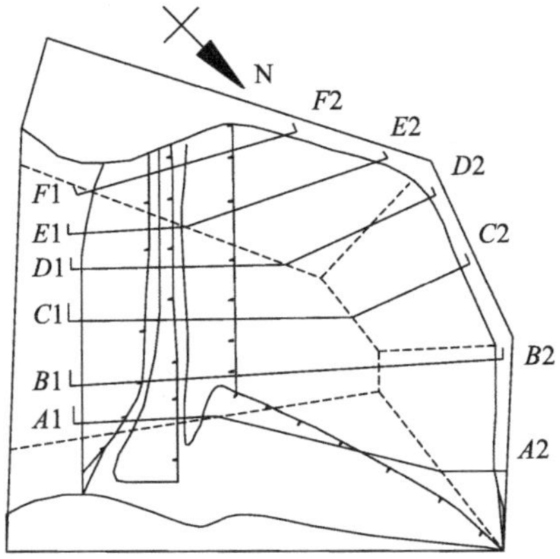

图 4.6 凯特尔曼山填埋场（B-19 填埋场）剖面位置示意图[166]

1988 年 3 月 19 日，该填埋场发生了失稳破坏，垃圾体表面最大水平位移达到 10.7 m[26] 最大竖向位移也有 4.3 m，可以明显地观测到堆填体表面的裂缝及破坏后暴露出来的部分衬垫系统的撕裂。通过对事故现场的观测及分析研究表明，事故发生主要是因为填埋场衬垫系统抗剪强度较低，导致整个堆填体沿着衬垫界面发生滑动破坏[175]。很多学者对其失效破坏进行了研究，如文献[176]。

图 4.7 是剖面图。穿过中心部分堆积体（截面 *B*1-*B*2、*C*1-*C*2、*D*1-*D*2）体现了主动滑体的特性。通过现场测试，滑坡体的天然重度为 17.3 kN/m^3。Singh[177]的研究显示，滑坡体的材料强度变化范围较大：从纯黏性型（30～100 kPa）到纯摩擦型。根据文献[176]，滑坡体的内摩擦角是 30°，底滑面饱和条件下黏聚力为 0[175]。对于不同的滑面位置，倾斜面滑面上的内摩擦角为 8.5°，近乎水平的底部滑面的内摩擦角为 8°。

表 4.2 为底滑面饱和条件下 6 个横剖面的安全系数计算结果。剖面 *A*l-*A*2、*B*l-*B*2、*C*l-*C*2、*D*l-*D*2、*E*1-*E*2 和 *F*1-*F*2 的安全系数分别为 1.49、1.27、1.21、1.11、0.99 和 0.93。本书所得的安全系数比文献[175]略大，或许是因为它所采用的方法仅满足力的平衡，是一种保守的简化方法。

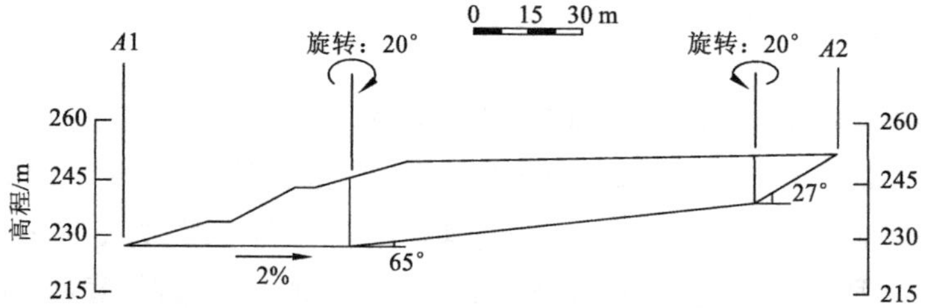

（a）$A1$-$A2$截面

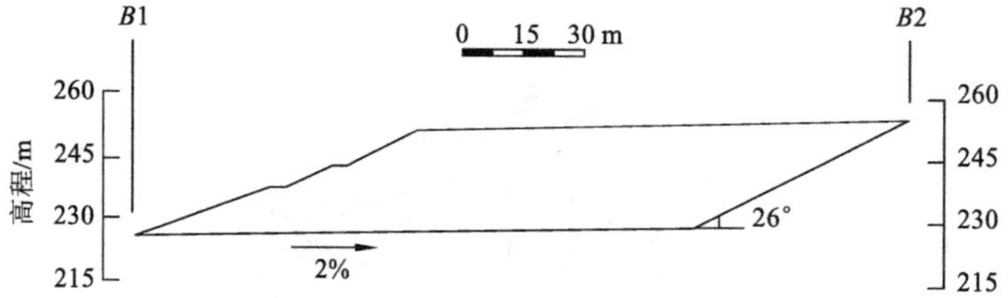

（b）$B1$-$B2$截面

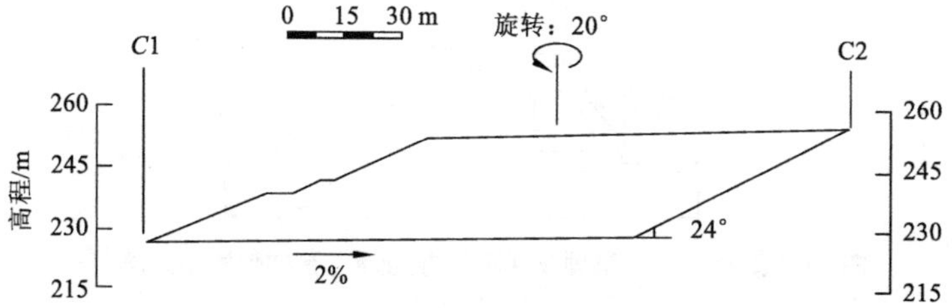

（c）$C1$-$C2$截面

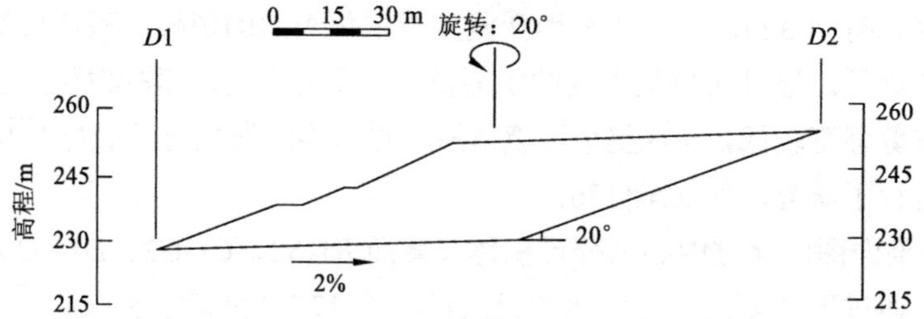

（d）$D1$-$D2$截面

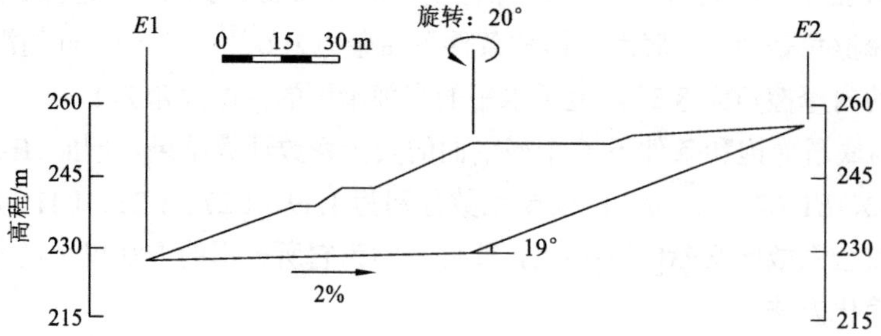

（e）$E1$-$E2$截面

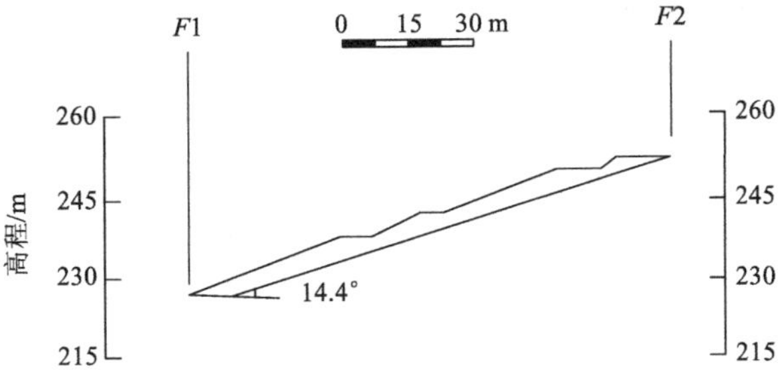

(f) F1-F2截面

图 4.7　凯特尔曼（B-19）填埋场计算截面

表 4.2　算例 2 的安全系数

截面		A1-A2	B1-B2	C1-C2	D1-D2	E1-E2	F1-F2
F_s	文献[175]方法	1.35	1.10	1.07	0.97	0.85	0.81
	本章方法	1.49	1.27	1.21	1.11	0.99	0.93

如图 4.6 所示，对于所考虑的 6 个剖面，计算的安全系数在地面全饱和条件下从东北方向到西南方向逐渐递增。代表东北部分的 4 个剖面（A1-A2 到 D1-D2）所算得的安全系数大于 1.0。而对于剖面 E1-E2 和 F1-F2，安全系数比 1.0 略小。这种结果的现象与 Seed[175]的结果是类似的。

这里，作为代表性，分别采用三种正应力修正方法，剖面 B1-B2 的滑面上正应力和推力线在图 4.8 中绘制。与算例 1 类似，在坡顶附近推力线出现了振荡性。对于这种非圆弧形滑面的滑坡体，从式（4.22c）得到的滑坡体推力线在坡顶附近突然升高；而从式（4.22b）得到的滑坡体推力线在坡顶附近突然降低；从式（4.22a）得到的滑坡体推力线位于上述两者之间。

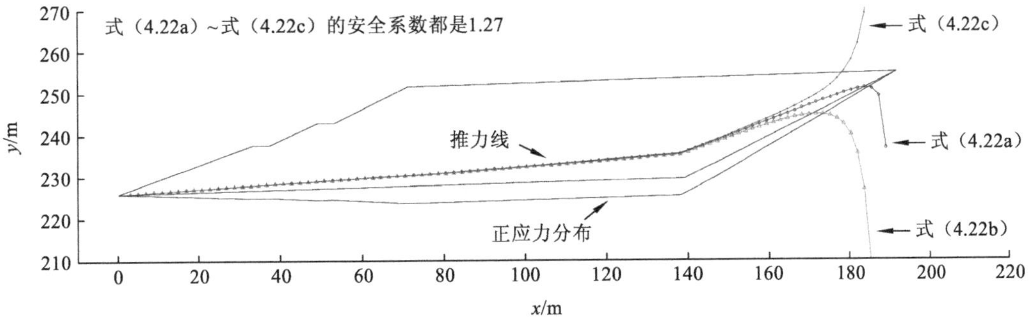

图 4.8　滑体推力定位线与滑面正应力（算例 2）

如果在坡顶附近设置拉裂缝（这里考虑距坡顶尖端距离为 20 m），三种修正方式所得的安全系数均是 1.24。对于该非圆弧滑面的滑坡体，如图 4.9 所示，采用式（4.22c）修正所得的推力线在坡顶附近突然升高，但还在坡内；式（4.22b）所得的推力线在坡顶附近突然降低，而出了坡体；式（4.22a）所得的推力线在坡顶附近位于两者之间，并且在坡体内。在远离坡顶的部位，三种修正方式所得的推力线基本重合。

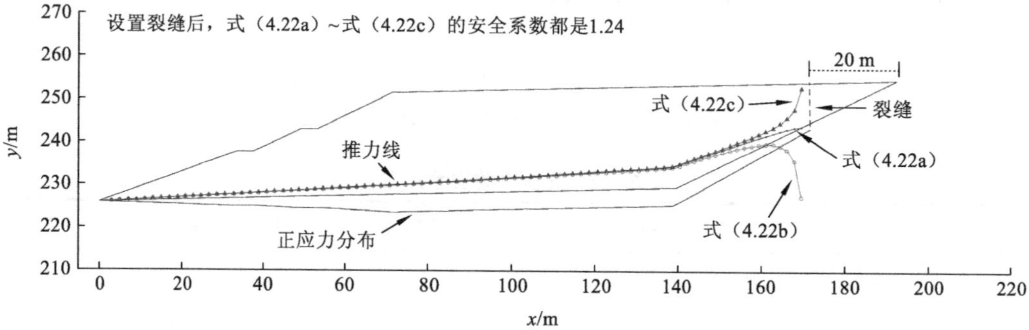

图 4.9　滑体推力定位线与滑面正应力（裂缝，算例 2）

4.4.3　某边坡开挖过程中的稳定性演化

如图 4.10 所示，该边坡原始地貌陡峭，倾角为 40°～45°。左岸工程地质条件揭示，由软弱结构面 $f_{42\text{-}9}$、黄斑岩脉 X 和节理 $SL_{44\text{-}1}$ 切割而成一个大型滑裂体，如图 4.11 所示。

图 4.10　开挖前的自然地貌

该水电站坝顶高程为 1 885 m，基于左岸坝肩边坡的抗剪强度参数，典型剖面 I–I 的滑移模式在本书中作为重点研究其在真实强度参数（表 4.3）条件下的稳定性。滑移模式如图 4.11 所示，滑面经过软弱结构面 $f_{42\text{-}9}$ 和节理 $SL_{44\text{-}1}$，潜在的滑面切分为 20 个微小段作为计算网格。

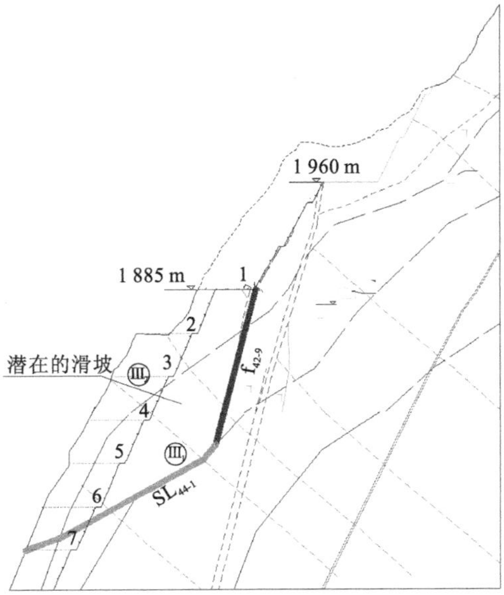

图4.11　工程边坡滑移模式

基于工程地质条件和本章方法，在开挖过程中所揭示的另外6个模型，如图4.11所示。为了研究该潜在滑坡体在开挖过程中的变化规律，建立了7个开挖过程中的滑坡体计算模型，每个模型对应于一个开挖步。步骤1：开挖至高程1 885 m的坝肩高程的潜在滑坡体；步骤2：开挖至1 870 m的潜在滑坡体；步骤3：开挖至1 855 m的潜在滑坡体；步骤4：开挖至1 840 m的潜在滑坡体；步骤5：开挖至1 825 m的潜在滑坡体；步骤6：开挖至1 810 m的潜在滑坡体；步骤7：潜在滑坡体全部揭露。

表4.3　该边坡物理力学参数

参数	φ/（°）	c/ kPa	γ/（kN/m^3）
$Ⅲ_1$	45.6	1000	27
$Ⅲ_2$	38.7	800	27
$f_{42\text{-}9}$	16.7	20	—
$SL_{44\text{-}1}$	45.6	250	—

开挖过程中7个计算模型的安全系数如图4.12所示。由图4.12可以看出，在开挖至1 840 m高程之前安全系数逐渐增大，这是因为潜在滑坡体的上半部分逐步被移除，而该部分是利于滑动的。此后，稳定性逐步降低，因为能够提供抗滑的下半部分逐步被移除。直到最后整个滑坡体被揭露出来，其安全系数为2.96，该安全系数比未开挖的初始模型的安全系数高，而比开挖过程中的最大安全系数低[171]。

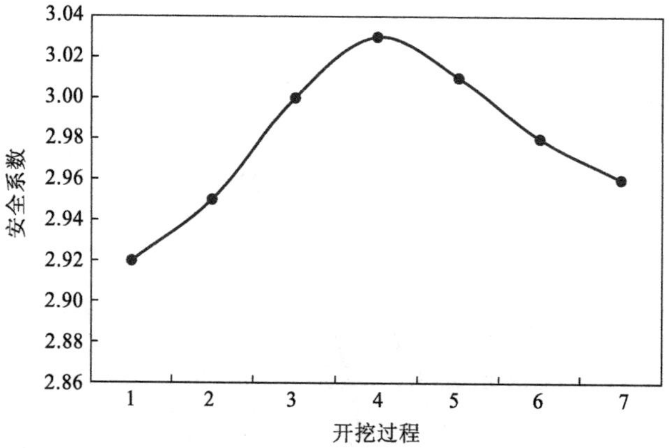

图 4.12 安全系数

第 5 章　边坡安全系数和推力线求解的优化模型

在进行滑坡稳定性分析时，极限平衡法应用广泛，主要用于分析滑坡的失稳机理和工程特性。这种现象将会持续，是因为几乎在所有的边坡设计规范里都明确规定极限平衡法是强制使用的。

在极限平衡法框架下进行滑坡稳定性分析，一个主要过程是计算特定滑面下的安全系数。由于这是一个静不定问题，基于不同条间力的假设产生了不同方法。这些方法大致可分为两类：简化方法和严格方法。简化方法是指未满足所有力或力矩平衡，如 Fellenius 法[2]、简化 Bishop 法[5]、简化 Janbu 法等。严格方法则为满足所有力和力矩平衡的方法，如 Morgenstern-Price 法[8]和 Spencer 法[10]。然而，这些比较流行的方法都可以被认为是一般极限平衡法的特例。在一般极限平衡法中，决定条间力分布的条间力函数 $f(x)$ 必须确定。

一般来说，那些满足所有力和力矩平衡的严格方法应该是精确的。然而，遗憾的是这是一个错误的观点，因为为了使问题静定可解，所有的严格方法都是基于条间力函数这个假定进行的。因此，没有一个方法比另一个方法好，即使严格方法比简化方法计算得更谨慎些。很多研究者如 Morgenstern[178]和 Cheng 等[179]发现常用方法得到的安全系数差别不大。但是，当采用严格方法分析滑坡时，遇到了一些比较奇怪的现象，因为这些推力线是不能接受的。

另外，当工程师采用严格方法进行实践分析时，他们应该校核推力线的位置是否合理，然而，常用的这些严格方法，如 Spencer 法[10]、Morgenstern-Price 法[8]及其他依赖于 $f(x)$ 假定的方法并未满足单个条块的局部力矩平衡，因此，反算得到的推力线会位于滑坡体的外部。虽然 Janbu 的严格法考虑局部力矩平衡且考虑推力线的合理性，但是最后一个条块的力矩平衡却被忽略掉。因此，通过控制变量 $f(x)$，Cheng 等[197]提出了一个满足局部和整体力矩平衡的优化模型。由于目标函数是控制变量的高度非线性，不得不借助于模拟退火法或其他先进的优化技术才能解决。

为了同时满足力和力矩平衡，包括局部力矩平衡，同时获得合理的推力线和滑面上法向正应力，本书将基于潘家铮极值原理[156，180]和 Morgenstern-Price 的假设提出一个新的严格极限平衡法。

本章研究中，采用第 4 章基于 Morgenstern-Price 的滑面上正应力的表达式和整体平衡方程的描述，然后以整体平衡方程、滑面上正应力和推力线合理性为约束条件，建立了基于潘家铮极值原理的优化模型。该方法等价于 Baker 等[112]、Baker[106]、Castillo 等[113]所采用的变分法。同时，本章研究了该滑面上正应力和推力线条件对于安全系数的影响[181]。

5.1 滑面正应力的修正及优化模型

由 Morgenstern-Price 假定推导而来的滑面正应力 σ_{MP}[式（4.21）]是滑面正应力的主要组成部分，然而在逼近正应力 σ 上或许需要更加精确。为了使滑面正应力更加精确，对 σ_{MP} 进行修正，表述为

$$\sigma=\sigma_{\mathrm{MP}}+R(x;\mathbf{a}) \tag{5.1}$$

式中：$R(x;\boldsymbol{a})$ 为 σ_{MP} 的修正项。

在本书中，取 $R(x;\boldsymbol{a})=a_0+a_1x$，这是一个完备的多项式，可以用来修正基于 Morgenstern-Price 假定的正应力 σ_{MP}。然而，式（4.3）有三个方程，即只能求解三个未知数。其中，安全系数 F_s 和 σ_{MP} 里的未知量 λ' 已经占用了两个。现在式（4.3）中新增含有两个未知量的 $R(x;\boldsymbol{a})$。也就是说，式（4.3）只有三个方程但需要求解 4 个未知量。

幸运的是，在本书中，可以利用潘家铮极值原理构造一个关于未知量 F_s、λ'、a_0 和 a_1 的优化模型。在国际上或许并不为人所知，潘家铮将边坡稳定性问题归结为两个极值问题：①滑坡如能沿许多滑面滑动，则失稳时它将沿抵抗力最小的一个滑面破坏（最小值原理）；②滑坡体的滑面给定时，滑面上的反力（及滑坡体内的内力）能自行调整，以发挥最大的抗滑能力（最大值原理）。Cheng 等[182]认为潘家铮极值原理为边坡稳定性分析提供了一个实用的准则，它等价于 Baker 等[112]、Baker[106]、Castillo 等[113]采用的变分法。基于上下限分析，Chen[183]证明了该极值原理，并指出极大值原理更逼近于下限解。

这样，可以建立一个能够满足所有合理性条件的优化模型，该问题可以描述为

$$\max_{T_E}(F_s) \tag{5.2}$$

其中，目标函数安全系数 F_s 是一个独立变量；T_E 代表优化问题的约束条件，为合理的力系方程，将在下面逐一叙述。

首先，如图 4.1 所示的滑面 S 可以均分为 n 段。在本书中，滑面上 n 个微段点的正应力非负则构成了该优化模型的第一组约束条件：

$$\sigma(x_j)=\sigma_{\mathrm{MP}}(x_j)+R(x_j;\boldsymbol{a})\geqslant 0 \tag{5.3}$$

其中，$j=1, 2, \cdots, n$。

然后，将式（5.3）代入式（4.3），可以得到三个非线性方程组：

$$\boldsymbol{G}(\boldsymbol{\lambda})\equiv\int_S \boldsymbol{L}_c^x\sigma\mathrm{d}x+\boldsymbol{L}_c^y\sigma\mathrm{d}y+\boldsymbol{m}_cF_s+\boldsymbol{d}_c=\boldsymbol{0} \tag{5.4}$$

其中，

$$\begin{cases}\boldsymbol{L}_c^x\equiv(L_{c1}^x,L_{c2}^x,L_{c3}^x)^{\mathrm{T}}\\ \boldsymbol{L}_c^y\equiv(L_{c1}^y,L_{c2}^y,L_{c3}^y)^{\mathrm{T}}\\ \boldsymbol{m}_c\equiv(m_{c1},m_{c2},m_{c3})^{\mathrm{T}}\\ \boldsymbol{d}_c\equiv(d_{c1},d_{c2},d_{c3})^{\mathrm{T}}\end{cases}$$

式中：未知数向量 $\lambda\in\mathbf{R}^4$，各分量为 $\lambda^1\equiv F_s$，$\lambda^2\equiv\lambda'$，$\lambda^3\equiv a_0$ 和 $\lambda^4\equiv a_1$。向量值函数 $\boldsymbol{G}(\boldsymbol{\lambda})$ 代表不平衡力矩的向量。

式（5.4）即构成了优化模型的第二组约束条件。

另外，滑坡体的内力应该满足合理性条件，即滑坡体的推力及其作用点应该经得起检验。现假设一个竖直线 $x=x_k$（$1\leqslant k<n$）将滑坡体 Ω 切分为上下两部分，如图 5.1 所示。

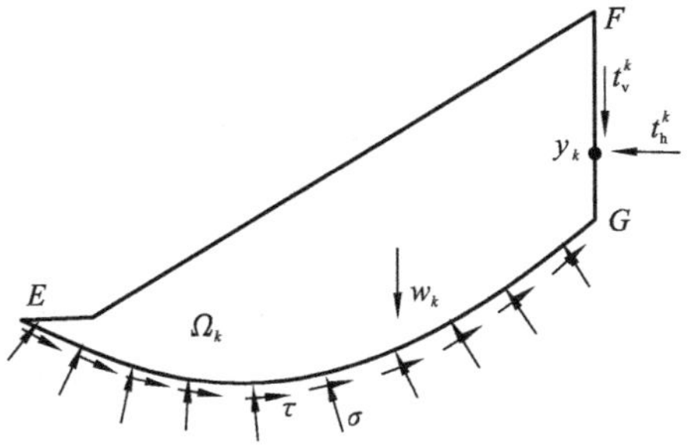

图 5.1　滑体内部推力作用示意图

现在计算下部分滑体 Ω_k 受到的来自上部分滑体的推力，图 5.1 是作用在下部分滑体 Ω_k 上的力系。这些力系应满足平衡条件，因此，可以得到

$$\begin{cases} t_{\mathrm{h}}^k = \int_{S^k} \tau \mathrm{d}x - \sigma \mathrm{d}y \\ t_{\mathrm{v}}^k = -w_k + \int_{S^k} \sigma \mathrm{d}x + \tau \mathrm{d}y \end{cases} \tag{5.5}$$

式中：w_k 为 Ω_k 受到的重力；S^k 为滑面 EG 的下部分。

将式（4.2）和式（4.21）代入式（5.5），可得

$$\begin{cases} t_{\mathrm{h}}^k = \dfrac{1}{F_{\mathrm{s}}}\left(\int_{S^k} c_{\mathrm{w}} \mathrm{d}x + \int_{S^k} \sigma_{\mathrm{MP}} f_{\mathrm{e}} \mathrm{d}x - \sigma_{\mathrm{MP}} F_{\mathrm{s}} \mathrm{d}y + a_0 \int_{S^k} f_{\mathrm{e}} \mathrm{d}x - F_{\mathrm{s}} \mathrm{d}y + a_1 \int_{S^k} f_{\mathrm{e}} x \mathrm{d}x - F_{\mathrm{s}} x \mathrm{d}y \right) \\ t_{\mathrm{v}}^k = -w_k + \dfrac{1}{F_{\mathrm{s}}}\left(\int_{S^k} c_{\mathrm{w}} \mathrm{d}y + \int_{S^k} \sigma_{\mathrm{MP}} F_{\mathrm{s}} \mathrm{d}x + \sigma_{\mathrm{MP}} f_{\mathrm{e}} \mathrm{d}y + a_0 \int_{S^k} F_{\mathrm{s}} \mathrm{d}x + f_{\mathrm{e}} \mathrm{d}y + a_1 \int_{S^k} F_{\mathrm{s}} x \mathrm{d}x + f_{\mathrm{e}} x \mathrm{d}y \right) \end{cases} \tag{5.6}$$

这样，滑坡体内的推力非负就构成了优化模型的另一个约束条件：

$$t_{\mathrm{h}}^k \geqslant 0 \tag{5.7}$$

然后以坐标原点为力矩中心，推力的作用点为

$$y_k = \frac{1}{t_{\mathrm{h}}^k}\left[x_k t_{\mathrm{v}}^k + m_k - \int_{S^k} (x\sigma - y\tau)\mathrm{d}x + (x\tau + y\sigma)\mathrm{d}y \right] \tag{5.8}$$

将式（4.2）和式（5.1）代入式（5.8），得

$$y_k = \frac{1}{t_{\mathrm{h}}^k}\left[x_k t_{\mathrm{v}}^k + m_k - \frac{1}{F_{\mathrm{s}}} \int_{S^k} (\sigma_{\mathrm{MP}} + a_0 + a_1 x)(F_{\mathrm{s}} x - f_{\mathrm{e}} y)\mathrm{d}x + (\sigma_{\mathrm{MP}} + a_0 + a_1 x)(f_{\mathrm{e}} x + F_{\mathrm{s}} y)dy + \frac{m_{\mathrm{c}}}{F_{\mathrm{s}}} \right] \tag{5.9}$$

其中，

$$m_{\mathrm{c}} = \int_{S^k} c_{\mathrm{w}} x \mathrm{d}y - c_{\mathrm{w}} y \mathrm{d}x \tag{5.10}$$

式中：m_k 为 w_k 关于原点的力矩。

推力的作用点应该在滑坡体内，因此应满足如下条件：

$$R_l \leqslant \frac{y_k - y_G}{H_k} \leqslant R_t \tag{5.11}$$

式中：R_l为推力线作用点y坐标下限约束；R_t为推力线作用点y坐标上限约束；$0<R_l<R_t<1$；H_k为图5.1中FG的长度；y_G为图5.1中G的竖向坐标。

将式（5.9）代入式（5.11），可得

$$y_k \geqslant H_k R_l + y_G \tag{5.12}$$

$$y_k \leqslant H_k R_t + y_G \tag{5.13}$$

至此，约束条件 T_E 的所有构成已经全部给出，即式（5.3）、式（5.4）、式（5.7）、式（5.12）和（5.13），后三个条件可认为是基本解析解的条件且具有条分法的基本原理。

最后值得指出的是，根据文献[184]，截面上$x = x_k$的局部安全系数应该不超过全局安全系数。然而，对于非均质或复杂的滑坡，抗剪强度及有效应力很难获得。并且，当滑面光滑时该条件会自动满足。因此，本书中未考虑该条件。

5.2 算例与讨论

5.2.1 算例1：圆弧滑面边坡

图5.2为一个圆弧滑面的均质滑坡体。该滑坡体抗剪强度参数c_e=20 kPa，φ_e=20°，重度为γ = 16 kN/m^3。该算例在Abramson[173]的著作里进行了详尽的研究，用各种传统极限平衡法得到的安全系数见表5.1。

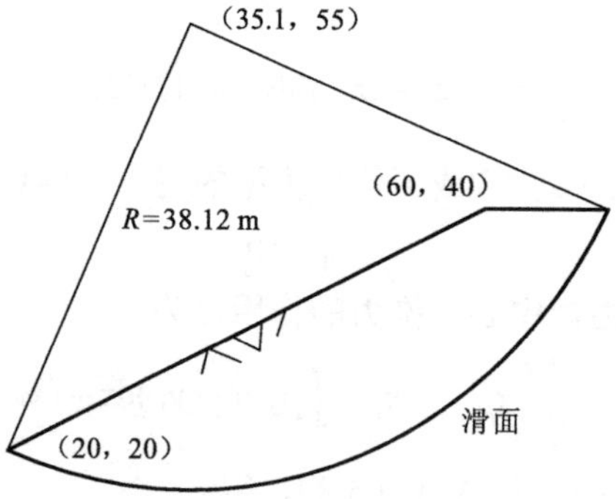

图5.2　算例1边坡的几何参数

表5.1　算例1传统条分法结果

方法	Fellenius法	简化Bishop法	简化Janbu法	修正Janbu法	Spencer法	Lowe Karafiath法[6]	Morgenstern-Price法
F_s	1.452	1.586	1.424	1.529	1.584	1.615	1.582

表 5.2　在不同条件下的结果

条件	式（5.4）	式（5.3）和式（5.4）	式（5.3）、式（5.4）和式（5.7）	式（5.3）、式（5.4）、式（5.7）、式（5.12）和式（5.13）
F_s	1.579	1.579	1.579	1.583

这里以严格的 Morgenstern-Price 法为例，如图 5.3 所示，其推力线在坡顶附近出现在滑坡体的外部，这明显是不合理的。出现这种现象的原因是单个条块的局部力矩平衡未能满足。并且，对于一个光滑的圆弧形滑面，坡顶附近的滑面正应力竟然是负的。

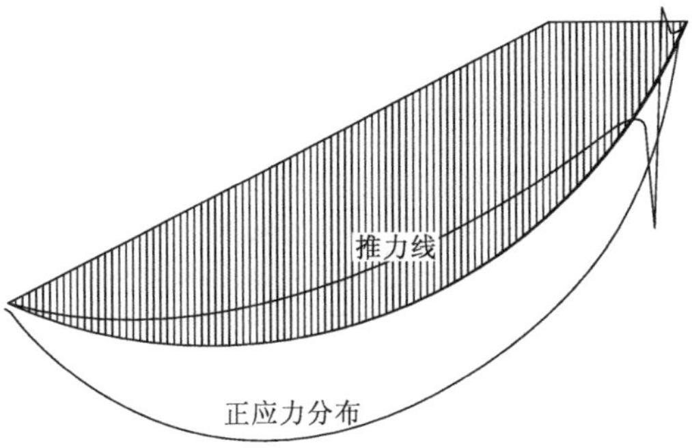

图 5.3　算例 1 滑体推力线和 Morgenstern-Price 正应力

对于该圆弧形滑面的滑坡体，采用不同的约束条件，该优化技术所得的安全系数如表 5.2 所示。平衡方程式（5.4）在该方法中是必要的约束条件。然而，条件式（5.3）和式（5.7）对安全系数有一定影响。另外，推力线的非线性条件式（5.12）和式（5.13）对安全系数的影响较大。需要指出的是，不同约束条件所得到的安全系数的差别是微小的。合理的推力线如图 5.4 所示。

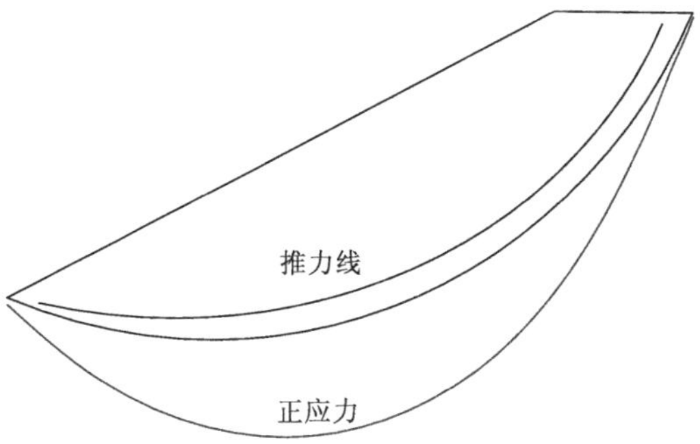

（a）只有条件式（5.4）

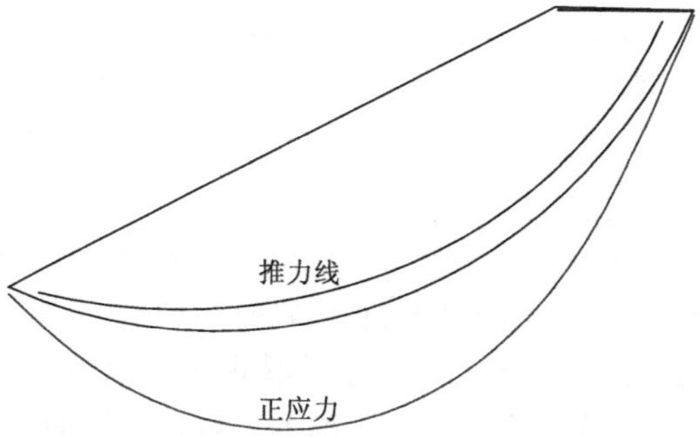

（b）只有条件式式（5.4）和式（5.3）

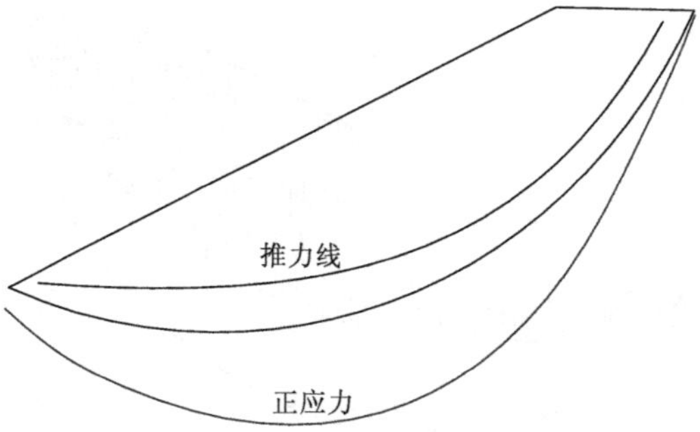

（c）包含所有条件

图 5.4　不同约束条件下推力线与正应力分布图

5.2.2　算例 2：非圆弧滑面滑坡体

该算例是澳大利亚 ACADS 边坡稳定性分析的调查程序中的考题 3b，如图 5.5 所示为其几何和材料参数信息，所有数据均来自文献[174]。可以看出该边坡不仅是一个非圆弧滑面的滑坡体，而且是一个牵引型滑坡，因为主要提供抗滑作用的下半部分滑面的力学参数比上半部分滑面的参数低。

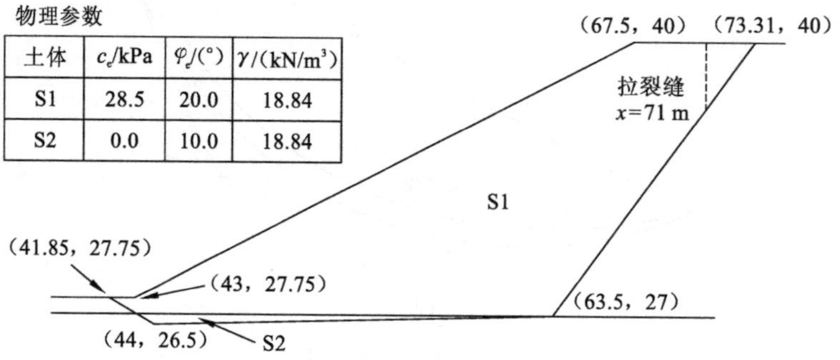

物理参数

土体	c_e/kPa	φ_e/(°)	γ/(kN/m³)
S1	28.5	20.0	18.84
S2	0.0	10.0	18.84

图 5.5　算例 2 几何参数和强度参数

用各种传统极限平衡法得到的安全系数见表 5.3。只采用平衡方程式（5.4）为约束条件时的安全系数为 1.314。但是，这种情况下坡顶附近的推力线位于滑坡体的外部，如图 5.6（a）所示，这样的结果与传统的 Morgenstern-Price 法的结果一致。另外，约束条件式（5.3）是自动满足的，这与圆弧形滑面滑坡体的结论是一样的。但是，在该牵引型滑坡体计算时，推力的约束条件式（5.7）和它的位置条件式（5.12）与式（5.13）是比较复杂的。同时采用约束条件式（5.3）、式（5.4）和式（5.7）时，计算得到的安全系数为 1.323，比 1.314 稍大，但其推力线仍然是不合理的，如图 5.6（b）所示。如果采用所有的约束条件，将得到不合理的安全系数。因此一些约束条件对于复杂滑面的滑坡体来说是不适用的。

表 5.3　算例 2 传统条分法的结果

方法	Fellenius 法	简化 Bishop 法	简化 Janbu 法	修正 Janbu 法	Spencer 法	Lowe Karafiath 法[6]	Morgenstern-Price 法
F_s	1.254	1.224	1.203	1.301	1.285	1.394	1.272

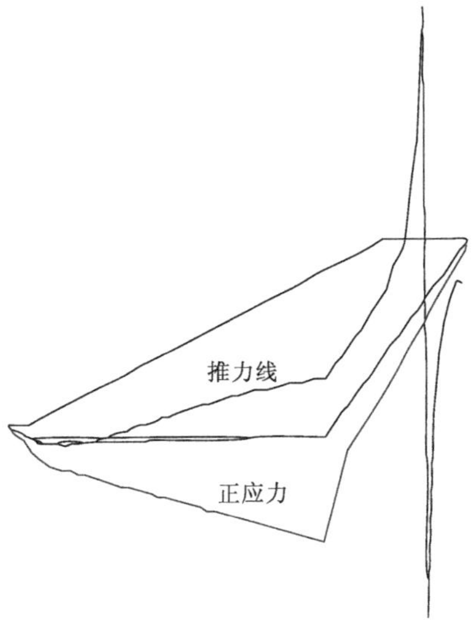

（a）只有条件式（5.3）和式（5.4）

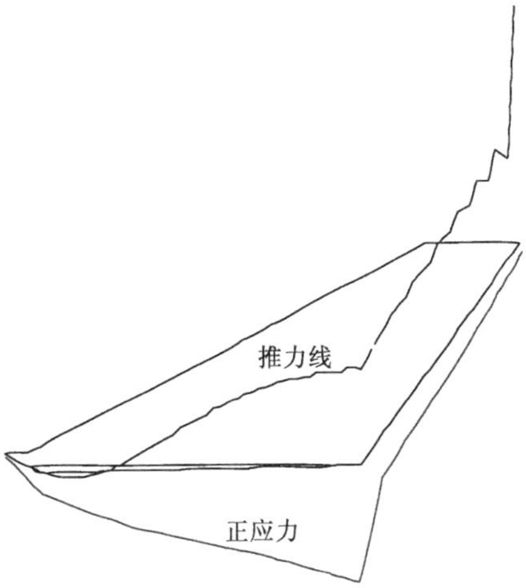

（b）条件式（5.3）、式（5.4）和式（5.7）

图 5.6　算例 2 未设置拉裂缝结果

对于牵引型滑坡体，为了避免这种现象的发生，在坡顶附近设置拉裂缝或许是个选择。例如，本书在 $x = 71\text{m}$ 处设置一个垂直的拉裂缝，如图 5.7 所示，上述问题就解决了，所得的安全系数列于表 5.4。

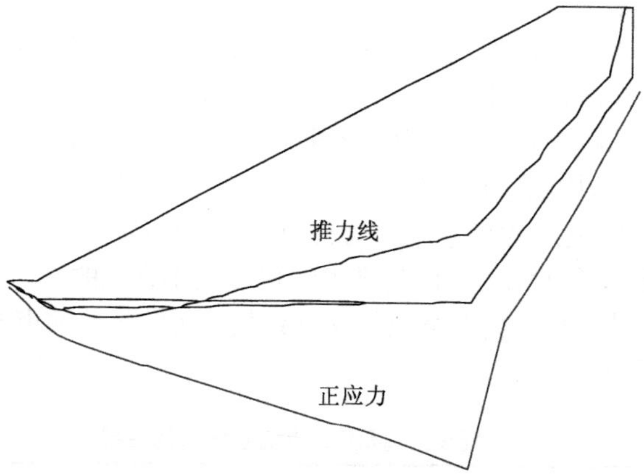

（a）只有条件式（5.4）

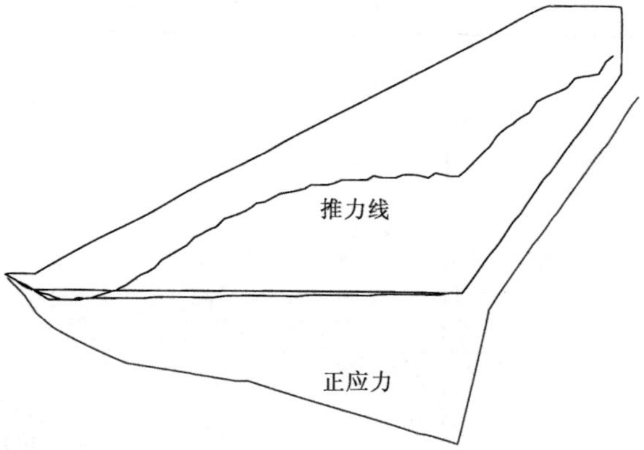

（b）只有条件式（5.3）、式（5.4）、式（5.7）

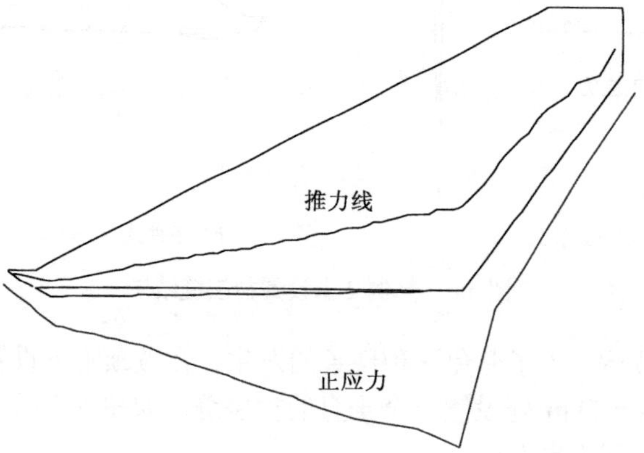

（c）全部约束条件

图 5.7　算例 2 设置拉裂缝结果（$x = 17$ m）

表 5.4　算例 2 中采用本方法在不同情况下的结果

条件	式（5.4）	式（5.3）和式（5.4）	式（5.3）、式（5.4）和式（5.7）	式(5.3)、式(5.4)、式(5.7)、式(5.12)和式（5.13）
F_s	1.314	1.314	1.323	—
F_s（张力裂缝）	1.265	1.265	1.246	1.286

采用本方法计算第 4 章的算例 2，计算结果见表 5.5。

表 5.5　凯特尔曼山的安全系数

截面		A1-A2	B1-B2	C1-C2	D1-D2	E1-E2	F1-F2
F_s	文献[175]	1.35	1.10	1.07	0.97	0.85	0.81
	本章方法	1.49	1.27	1.21	1.11	0.99	0.93

5.2.3　讨论

首先，在极限平衡法分析滑坡体稳定性时，对于那些严格方法来说，平衡方程是必要的，但是单个条块的局部力矩平衡在整体平衡方程里是没有考虑的，而在推力及其位置约束条件里是考虑了的。

在带有圆弧形滑面的滑坡体稳定性分析时，求解安全系数的平衡方程是足够的。在这种情况下，其他约束条件会自动满足。在算例 1 中，采用约束条件式(5.4)，或式(5.4)、式（5.3），或式（5.4）、式（5.3）、式（5.7）所得到的安全系数是一样的。当所有约束条件都满足时，其安全系数从 1.579 变化到 1.583，有一定的变化。也就是说，推力线约束条件式（5. 12）到式（5. 13）对目标函数安全系数的求解有一定的影响。

另外，带有非圆弧滑面的滑坡体较为复杂。在牵引型滑坡体稳定性分析时，推力条件式（5.7）和推力线条件式（5.12）与式（5.13）对安全系数影响较大。由于在坡顶附近没有推力存在，预设拉裂缝将是得到合理性结果的重要措施。

只满足平衡方程式（5.4）和滑面正应力合理性条件式（5.3）时，安全系数是 1.314。当同时实施推力合理性条件式（5.7）时，所得安全系数为 1.323。当所有约束条件都添加时，对于复杂滑面的牵引型滑坡体则得不到结果。而有结果的那些情况下所得推力线是不合理的。这恰恰表明，推力线合理性约束条件并不是在所有情况下都能满足的。这是因为对于牵引型滑坡体，由于岩土体的抗拉强度较低，在其滑坡体上部往往出现拉裂破坏而不是抗剪强度不足而失效，即在坡顶附近没有所谓的推力存在。

在合适的附近设置拉裂缝之后，所得的安全系数和推力线也值得讨论。首先，设置拉裂缝后的安全系数比未设置情况下较小。其次，类似圆弧形滑面滑坡体稳定性分析时，四种组合的约束条件，所得的安全系数差别不大。但是，只满足平衡方程时反算得到的推力线部分落到了滑坡体外部，或许是由折线形滑面的复杂性引起的，但加入推力线合理性约束条件后，所得到的安全系数和推力线均比较合理。

因此，该优化模型的推力线条件对于安全系数结果的影响较大。这或许是严格 Janbu 法具有很差的收敛性的原因，因为该方法要求推力线合理且考虑局部力矩平衡。

第 6 章　考虑抗滑桩加固效应的无条分法

抗滑桩凭借桩和周围岩、土的共同作用，把滑坡推力传递到稳定地层，即利用稳定地层的锚固作用和被动抗力来平衡滑坡推力，在一定程度上改善了滑坡状态，促使滑坡向稳定转化，从而提高了边坡的稳定性。

在第 3 章中，介绍了无条分法的原理，由于整体分析法在计算边坡的安全系数时，相对于其他的极限平衡条分法具有明显的优势，可以提高计算的精度，简化程序的数据结构，并且形成的方程是刻度良好的，无须再进行刻度化，可以直接利用牛顿法求解。本节基于边坡稳定性分析的无条分法，将其应用到抗滑桩加固边坡的稳定性计算中，并就抗滑桩设置位置对边坡稳定性的影响进行了探讨[185]。

6.1　等效土条计算模型

使用抗滑桩加固边坡时，桩是按照一定桩间距离布置的，其稳定性分析实质上是一个三维问题。为简化计算，通常取单位宽度（一般为 1 m）的坡体，将三维问题转化为二维平面问题，在二维的条分法中需要将桩所在土条用等效土条代替。

在等效土条中，假定土的内摩擦角和黏聚力不变，由于抗滑桩的抗剪强度远大于土的抗剪强度，忽略土的抗剪强度对等效土条抗剪强度的影响，采用式（6.1）及式（6.2）计算等效土条的抗剪强度和重度：

$$\tau=\frac{D}{L_\mathrm{d}}\tau_\mathrm{pile} \tag{6.1}$$

$$\gamma=\frac{D}{L_\mathrm{d}}\gamma_\mathrm{soil}+\left(1-\frac{D}{L_\mathrm{d}}\right)\gamma_\mathrm{pile} \tag{6.2}$$

式中：D 为抗滑桩桩径；L_d 为抗滑桩桩轴间距；τ_pile 为抗滑桩的抗剪强度；γ_pile 和 γ_soil 分别为抗滑桩和土的单位重度。

6.2　无条分法计算抗滑桩加固边坡稳定性

使用抗滑桩加固边坡时，抗滑桩深入假定的滑动面以下，需考虑抗滑桩在滑动面处切向的抗滑作用。现将滑动面分成 S_1、S_2 两部分，如图 6.1 所示，假定设桩后滑面正应力的分布仍满足第 3 章的形式，设桩处滑面（即 S_2 部分）剪应力（用 τ_2 表示）根据抗滑桩在滑面处提供的抗剪力 Q'计算，滑面其他部分（即 S_1 部分）剪应力（用 τ_1 表示）仍服从莫尔-库仑强度准则。

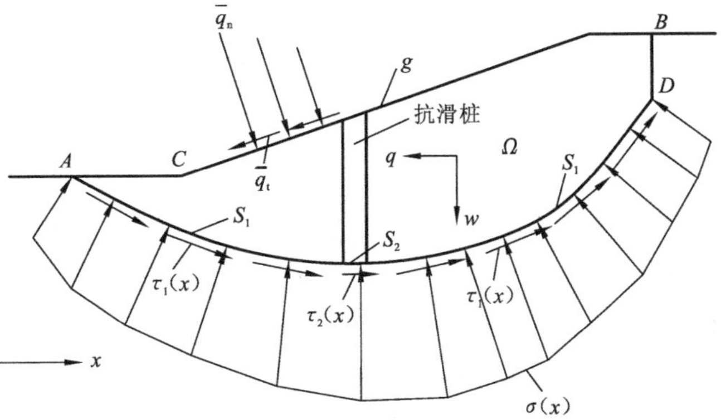

图 6.1　抗滑桩加固滑体示意图

取任意不在同一直线上的三个点（$\bar{x}_{ci}$，$\bar{y}_{ci}$）（i=1，2，3），以（$\bar{x}_{ci}$，$\bar{y}_{ci}$）为力矩中心，因为滑体处于平衡状态，所以作用其上的力关于这三个点的和力矩为 0，即有

$$\int_S \Delta x_{ci}\sigma \mathrm{d}x + \Delta y_{ci}\sigma \mathrm{d}y + \int_{S_1} -\Delta y_{ci}\tau_1 \mathrm{d}x + \Delta x_{ci}\tau_1 \mathrm{d}y + \int_{S_2} -\Delta y_{ci}\tau_2 \mathrm{d}x + \Delta x_{ci}\tau_2 \mathrm{d}y + m_{ci} = 0 \tag{6.3}$$

其中，

$$\tau_1 = \frac{1}{F_s}\left[c_e + f_e(\sigma - u)\right] \tag{6.4}$$

$$\tau_2 = \frac{Q'}{A_0}\cos\alpha_K \tag{6.5}$$

式中：A_0 为抗滑桩正截面面积；α_K 为抗滑桩中心点在滑面上的切向角；Q'为抗滑桩在滑面处对单位宽度滑体提供的抗剪力。

抗滑桩配筋设计完成之后，Q'可由桩的斜截面抗剪能力计算，即

$$Q' = \frac{D}{L_d}\left(0.7 f_t b_0 h_0 + 1.25 f_{yv}\frac{A_{sv}}{S_0}h_0\right) \tag{6.6}$$

式中：f_t 为混凝土抗拉强度设计值；b_0 为截面宽度；h_0 为截面有效高度；f_{yv} 为箍筋的抗拉强度设计值；A_{sv} 为同一截面箍筋的截面积；S_0 为箍筋间距。

然后将式（6.4）和式（6.5）代入式（6.3）并整理得

$$\boldsymbol{g}(F_s, a', b') = F_s(a'\boldsymbol{u}_1 + b'\boldsymbol{u}_2 + \boldsymbol{u}_3 + \boldsymbol{u}_7) + a'\boldsymbol{u}_4 + b'\boldsymbol{u}_4 + \boldsymbol{u}_6 = \boldsymbol{0} \tag{6.7}$$

式中：$\boldsymbol{g}$ 是关于 F_s、a'、b'的三阶非线性向量函数，$\boldsymbol{u}_1$，$\boldsymbol{u}_2$，…，$\boldsymbol{u}_7$ 是 7 个三阶向量，定义为

$$u_{1,i} = \int_S \Delta x_{ci} l_a \mathrm{d}x + \Delta y_{ci} l_a \mathrm{d}y \tag{6.8}$$

$$u_{2,i} = \int_S \Delta x_{ci} l_b \mathrm{d}x + \Delta y_{ci} l_b \mathrm{d}y \tag{6.9}$$

$$u_{3,i}=m_{ci}+\int_S \Delta x_{ci}\sigma_0\mathrm{d}x+\Delta y_{ci}\sigma_0\mathrm{d}y \tag{6.10}$$

$$u_{4,i}=-\int_{S_1} f_e\Delta y_{ci}l_a\mathrm{d}x-f_e\Delta x_{ci}l_a\mathrm{d}y \tag{6.11}$$

$$u_{5,i}=-\int_{S_1} f_e\Delta y_{ci}l_b\mathrm{d}x-f_e\Delta x_{ci}l_b\mathrm{d}y \tag{6.12}$$

$$u_{6,i}=-\int_{S_1}(c_w+f_e\sigma_0)\Delta y_{ci}\mathrm{d}x-(c_w+f_e\sigma_0)\Delta x_{ci}\mathrm{d}y \tag{6.13}$$

$$u_{7,i}=-\int_{S_2}\Delta y_{ci}\tau_2\mathrm{d}x-\Delta x_{ci}\tau_2\mathrm{d}y \tag{6.14}$$

式（6.7）与未考虑抗滑桩加固作用时所得到的方程的区别主要在于增加了一项抗滑桩的加固作用，引出了三阶向量 $\boldsymbol{u}_7$。

如果滑动面是由解析式可知的曲线段组成，式（6.8）～式（6.14）中的各项可以被精确地计算出来，然而考虑到滑面形式的多样性，并且条分法的经验表明当条块数充分大时，条块数对安全系数的影响很小，因此本书也采用了类似的简化处理：将滑动面分成若干个小区间，每个小区间内的法向应力等于其区间中心点的法向应力，然后再对式（6.8）～式（6.14）进行中心积分。

最后通过求解式（6.7）即可得到考虑抗滑桩加固作用边坡的安全系数。

6.3 算例与讨论

6.3.1 算例 1：均质边坡

均质边坡坡高为 20 m，坡度为 2∶1，坡脚坐标为（20，20），滑面为以（35.1，55）为圆心的圆弧，强度参数及几何参数如图 6.2 所示。

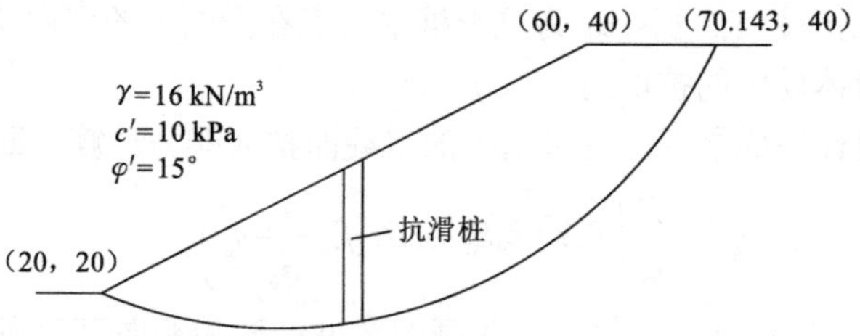

图 6.2　算例 1 加固边坡几何及强度参数

边坡加固前，使用整体分析法计算得到的安全系数 $F_s=1.058$，现假设在 $x=40$ m 处对边坡进行加固，治理后边坡安全系数为 $F_s=1.35$，取 $Q'=600$ kN。使用边长为 1 m 的方桩，抗滑桩单排设置，桩心间距为 3 m。使用文献[176]中的方法得到的加固后边坡的安全系数为 1.364。使用本书提出的考虑抗滑桩加固作用的整体分析法，计算得到的加固后边坡安全系数为 1.348，与文献[187]中的方法得到的结果相近。同时可以得到抗滑桩加固边坡水平推力大小及推力线如图 6.3 和图 6.4 所示。

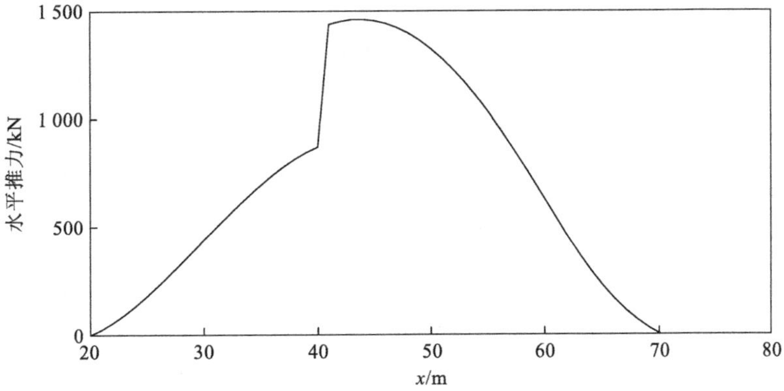

图 6.3　算例 1 加固边坡水平推力

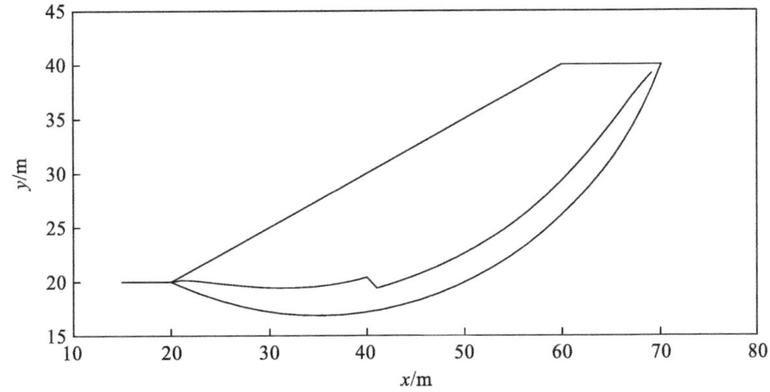

图 6.4　算例 1 加固边坡推力线

6.3.2　算例 2：非均质边坡

非均质边坡的坡高为 10 m，坡度为 2∶1，滑面为以（36.05，42.24）为圆心，半径为 18.27 m 的圆弧，强度参数及几何参数如图 6.5 所示。

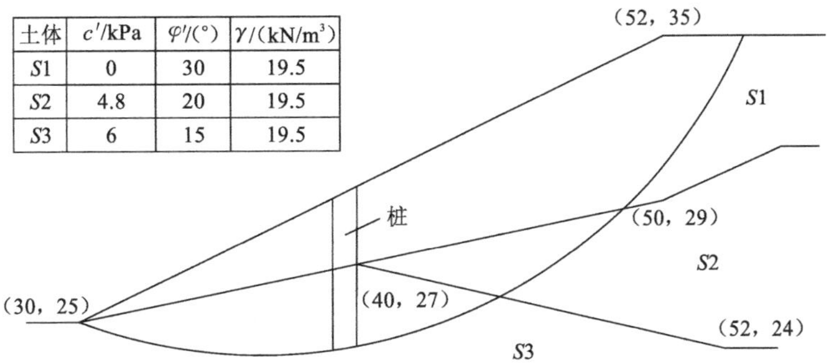

土体	c'/kPa	φ'/(°)	γ/(kN/m³)
S1	0	30	19.5
S2	4.8	20	19.5
S3	6	15	19.5

图 6.5　算例 2 加固边坡几何及强度参数

边坡加固前，使用整体分析法计算得到的安全系数为 $F_s = 1.083$，现假设在 $x = 39$ m 处对边坡进行加固，治理后安全系数为 $F_s = 1.35$，抗滑桩在滑面处应提供的抗滑力根据式（6.6）估算，取 $Q' = 150$ kN。使用边长为 1 m 的方桩，抗滑桩单排设置，桩心间距为 3 m。使用文献[186]中的方法得到的加固后边坡的安全系数为 1.373。使用本书提出的整体分析法，得到加固后边坡的安全系数为 1.356，与文献[187]中的方法得到的结果相近。同时可以得到水平推力大小及推力线如图 6.6 和图 6.7 所示。

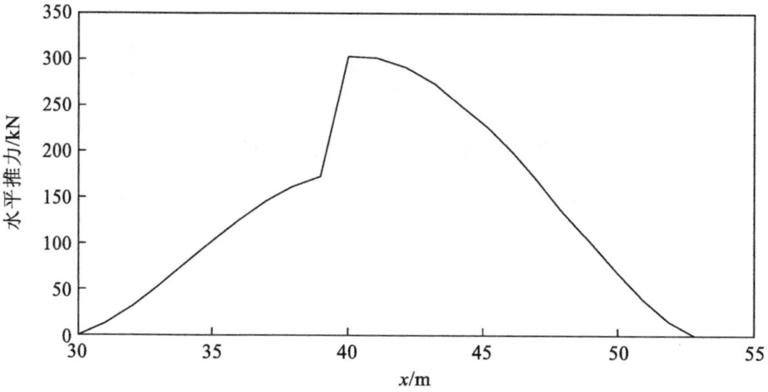

图 6.6　算例 2 加固边坡水平推力

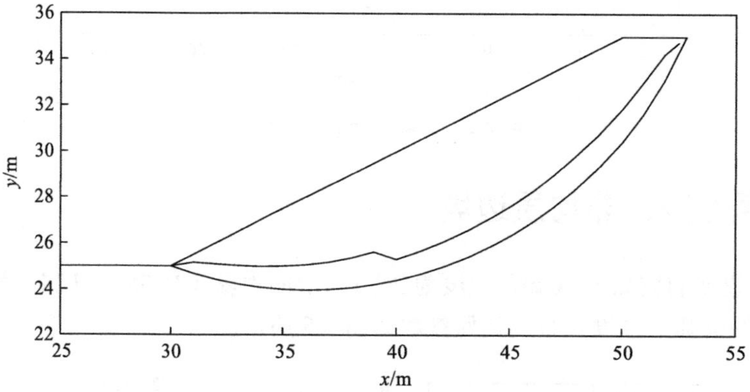

图 6.7　算例 2 加固边坡推力线

6.3.3　算例 3：含软弱夹层边坡

分层边坡非圆弧滑动面，强度及几何参数如图 6.8 所示。

边坡加固前，使用整体分析法计算得到的安全系数为 1.338，现假设在 $x = 54$ m 处对边坡进行加固，治理后安全系数为 $F_s = 1.5$，取 $Q' = 200$ kN。使用边长为 1 m 的方桩，抗滑桩单排设置，桩心间距为 4 m。使用文献[186]中的方法得到的加固后边坡的安全系数为 1.653。使用本书提出的方法，得到加固后边坡的安全系数为 1.628，与文献[187]中

土体	c'/kPa	φ'/(°)	γ/(kN/m³)
S1	28.5	20	18.84
S2	0.0	10	18.84

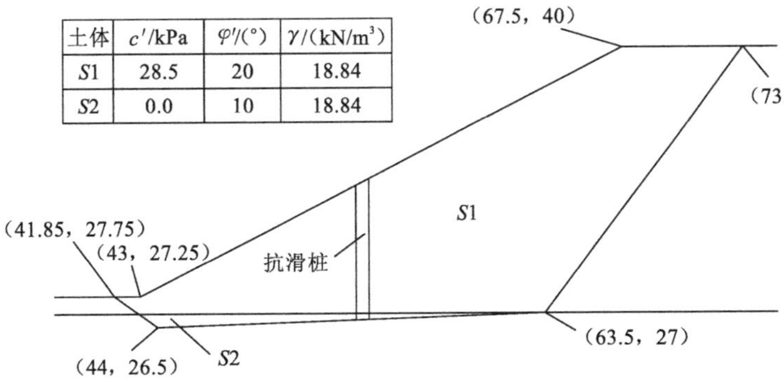

图 6.8 算例 3 加固边坡几何及强度参数

的方法得到的结果相近。同时可以得到水平推力及推力线如图 6.9 和图 6.10 所示。

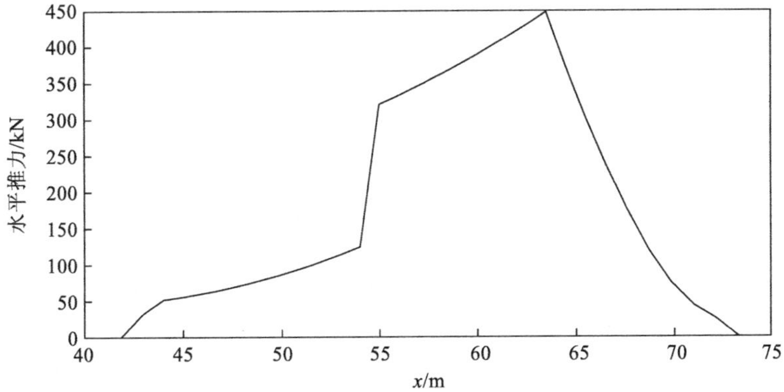

图 6.9　算例 3 加固边坡水平推力

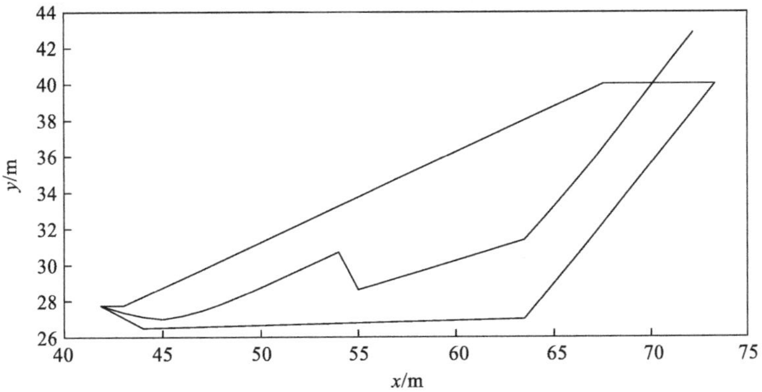

图 6.10　算例 3 加固边坡推力线

由图 6.10 可以看到，推力线在临近滑面顶端的时候跑出滑体，为了解决这一问题，在 $x = 72$ m 处增设一竖向的由坡面至滑面的拉力缝。然后使用文献[187]中的方法计算得到新的安全系数为 1.576，使用本书的方法得到新的安全系数为 1.554，明显低于之前的 1.628，新得到的推力线如图 6.11 所示。

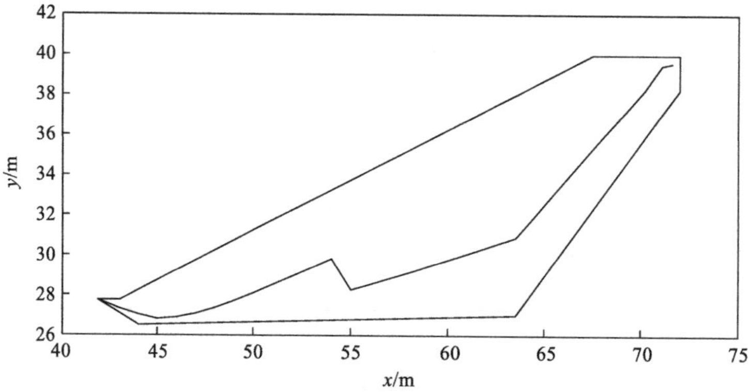

图 6.11　增设拉力缝后的推力线

通过三个算例验证了整体分析法处理抗滑桩加固边坡稳定性分析问题的准确性和可靠性，从图 6.11 中可以看出：由于抗滑桩的作用，上滑体对下滑体的推力减小，桩前水平推力明显小于桩后水平推力，文献[187]就是根据这一现象，将设桩处土条的滑坡推力乘以一个折减系数来考虑抗滑桩的加固作用；水平和竖直推力合力点的 y 坐标在设桩处会向下滑移。

6.3.4　抗滑桩位置对边坡稳定性影响的讨论

由于桩-边坡体系的复杂性，学者对于使桩-边坡体系获得最大安全系数的抗滑桩的位置存在较大分歧，甚至得出相反的结论。

Ito 等[188]利用 Matsui T 和 Ito T 之前推导的土体移动引起的单排桩的水平力理论方程计算边坡的安全系数，并由此得出抗滑桩加固边坡时，设桩位置靠近坡顶时安全系数较大，且边坡坡度越陡，这一现象越明显。Cai 等[165]利用有限元软件模拟研究后认为抗滑桩在边坡中部时能够发挥最大抗滑能力。Lee 等[189]通过对均质黏性土坡的研究，认为最有效的加固位置是坡顶或坡脚，Ausilio 等[190]认为桩越接近坡脚，维持边坡平衡需提供的加固力越小，作用于桩上的水平推力越小，因此加固效果越好。

另外，Liang 等[187]采用不平衡推力法考虑抗滑桩的加固作用后认为，最有效的加固位置应接近于边坡中下部 1/3 处。谭捍华等[191]基于强度折减法和岩土塑性极限分析理论，从功能平衡原理探讨了岩土边坡抗滑桩加固位置对边坡稳定性的影响，研究表明，随着抗滑桩的设置由坡脚移向坡顶，边坡安全系数逐渐下降。

抗滑桩的最优桩位研究尚未能达到统一的判断依据，以上研究只能确定在坡体的某一部位（如在坡顶、中下部或坡脚）设置抗滑桩效果最佳，其设置范围差异性也较大。本节使用抗滑桩加固边坡稳定性整体分析法，对抗滑桩位置对边坡稳定性的影响做出一些探讨。

以 6.3 节的三个算例为基础，不改变边坡的几何和强度参数及 Q'的大小，只改变桩的位置，并且不考虑随桩的位置改变可能产生的局部失稳，当抗滑桩设置位置 x（抗滑桩至坡脚的距离）改变时，得到的抗滑桩加固边坡的稳定性安全系数变化如图 6.12～图 6.14 所示。

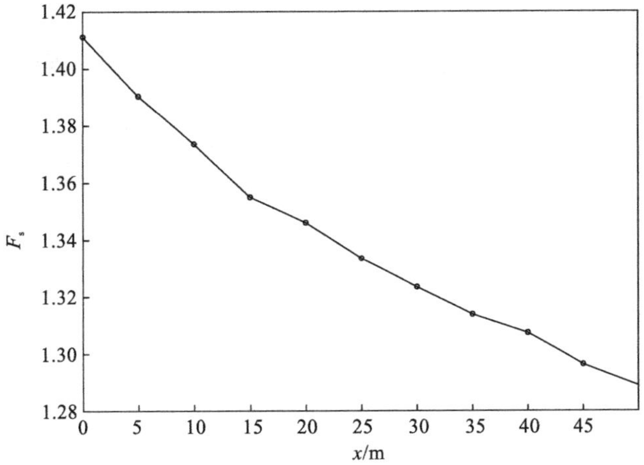

图 6.12　算例 1 单桩设置位置对边坡稳定性影响

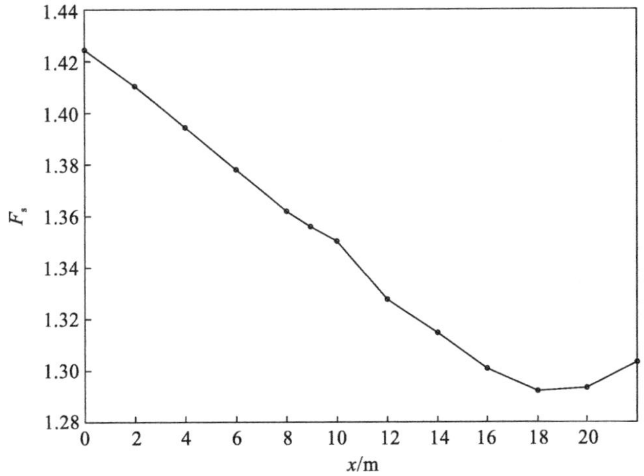

图 6.13　算例 2 单桩设置位置对边坡稳定性影响

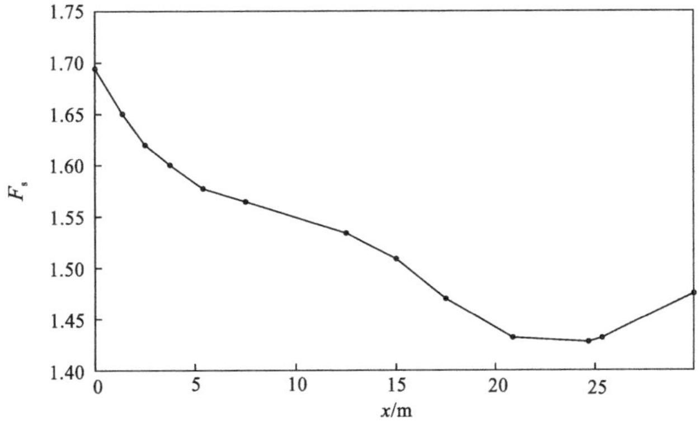

图 6.14　算例 3 单桩设置位置对边坡稳定性影响

由图 6.12～图 6.14 可以得到，对于土体性质和滑面类型不同的边坡，安全系数随抗滑桩位置的变化速率不同，但总体趋势一致，即随着抗滑桩的位置由坡脚移到坡顶，边坡的安全系数逐渐下降；当抗滑桩位于滑坡的中下部时，加固效果较好，此时安全系数较大。这与文献[192]和文献[191]中得到的结果是一致的[185]。

第 7 章 严格三维极限平衡法

经过数十年的研究，边坡的二维极限平衡法已趋于成熟，但在三维分析方面却进展甚微。

陈祖煜[2]对截至 2002 年的三维极限平衡法进行了很全面的综述。在这之后，又有许多学者对三维极限平衡法从理论[132，156，183]或者从实施技术[194-195]上进行了研究。需要特别指出的是，Chen[156]在处理楔形体滑坡时，运用潘家铮极值原理，论证了楔形滑体存在异于霍克-布雷（Hoek-Bray）假定的滑动方向，使安全系数更大。

Stark 等[89]在考察了三维分析的一些主流方法和商用软件后指出：所有的三维方法都存在着很大局限和不足。

作者认为目前存在于三维极限平衡法中的主要问题有以下几点：

（1）平衡条件未被全部满足。对于任意形状的滑面，即使是二维问题，也只有当满足了所有平衡条件的严格条分法所给出的安全系数才彼此接近结果，也才比较可信[169]。然而，迄今为止，几乎所有已公开发表的三维方法最多只能满足 4 个平衡条件。除非滑体沿其滑动方向有一对称面且采用对称剖分，否则就没有充足的理由说明计算结果的可靠性。有些方法，如 Hungr 法等，甚至连三个力平衡条件都未满足，其计算结果可能与坐标轴的选取有关[2]。最近，张均锋等[132]、朱大勇等[196]建立了除绕铅垂方向的力矩平衡之外的、能满足 5 个平衡条件的方法，称为准严格的三维极限平衡法，这应该是一个不小的进步。

（2）即使只满足部分平衡条件，不同方法所采用的假定也互不相同。这些假定纯粹是为了使问题静定而引入的，没有任何物理基础。例如，几乎所有的三维方法都要假设某些量是常量，常量即守恒量，而对于像边坡这样的能量耗散系统，根本就不存在什么守恒量。寻找保守系统的守恒量是分析力学的任务之一[197]。正因为假定不同才导致了同一个工程问题不同程序给出的计算结果往往会相去甚远。

（3）数值特性差。大多数三维方法都是由相应的二维方法推广而来的，众所周知，对于所有严格的二维条分法，一方面，即便是非常简单的问题，只有当迭代初值充分接近真解时才能收敛；另一方面，所有严格条分法都存在不收敛的算例[45]。推广到三维情形后，数值特性会更差。

（4）条分化过程过于严格。三维条分法在划分条柱时，大多要求将滑体分别用平行于两个坐标面的两簇平面进行剖分。由于平衡方程是针对一个典型的四棱柱而列的，对位于滑体边缘的那些三棱柱或三棱锥就不得不进行特殊处理。许多程序为了简单起见，根本就对这些非四棱柱的边缘条柱不予考虑。

本书建议的方法有效地解决了上述问题。

首先，基于滑面法向应力分布假定并取整个滑体为受力体，使所有 6 个平衡条件均得以满足。假定滑面应力分布只是对真实应力分布的一种逼近，并没有像其他三维方法那样引入一些并不存在的守恒量，因此并没有违反物理规律。目前的三维条分法大都是沿用二维的办法，将不确定性加于条块之间，这样因未知量过多而不得不引入大量的假定，也使平衡条件难以被全部满足。在二维分析中最早采用滑面法向应力分布假定的是Bell[168]，1992 年 Leshchinsky 等[101]又将这一技术引入三维分析并借助于变分法，使三个力平衡和一个绕旋转轴的力矩平衡得以满足。

其次，对所建立的方程组，从理论上证明了解的存在性，也给出了确保安全系数为正的充分性条件。对于 $\varphi=0°$ 的工况，还可证明解是唯一的，并给出了安全系数的显式表达式。数值算例表明，方程组的牛顿法具有与迭代初值无关的良好特性：以第 7 章算例 1 为例，若将其他 5 个变量的迭代初值取为 0，即使将安全系数的迭代初值取为 10^8，也仅用了六次迭代便达到了小于 10^{-7} 的绝对误差，这是包括二维在内的任何其他严格条分法都无法比拟的。作者认为解的定性性质非常重要，当一个问题的解存在且唯一并有良好的数值特性时，就能给基于此理论和算法的程序员以信心。

最后，将平衡方程组中的体积分都转化为边界积分，从而在分析前仅需对滑体表面进行剖分，而不必再对整个滑体进行条分。这样既解决了前述的边缘条柱问题，又简化了前处理，使其可以直接利用地理信息系统（geographic information system，GIS）的输出——GIS 一般都是将地表和岩性分界面用一种称为不规则三角网（triangulated irregular network，TIN）的数据来表示的[198]，因此也可称本书所建议的方法为无条分法[143]。

7.1 滑体的整体平衡方程

7.1.1 面元上的力和力矩

设作用在滑体 Ω 的滑面 S 上的法向应力和切向应力分别为 σ 和 τ，则作用在单位法线为 $\boldsymbol{n}$ 的某一典型面元 $\mathrm{d}S$ 上的法向力为 $\sigma\boldsymbol{n}\mathrm{d}S$，沿阻滑力方向 $\boldsymbol{s}$ 的摩阻力为 $\tau\boldsymbol{s}\mathrm{d}S$，所以面元 $\mathrm{d}S$ 的反力为

$$\mathrm{d}\boldsymbol{f}=\left(\sigma\,\boldsymbol{n}+\tau\,\boldsymbol{s}\right)\mathrm{d}S \tag{7.1}$$

这里规定 $\boldsymbol{n}$ 指向滑体内部。反力 $\mathrm{d}\boldsymbol{f}$ 关于任意参考点 r_c 的力矩为

$$\mathrm{d}\boldsymbol{m}_c=\Delta\boldsymbol{r}_c\times\mathrm{d}\boldsymbol{f} \tag{7.2}$$

$$\Delta\boldsymbol{r}_c=\boldsymbol{r}-\boldsymbol{r}_c \tag{7.3}$$

式中：$\boldsymbol{r}$ 为面元 $\mathrm{d}S$ 的矢径。

7.1.2 整体平衡方程组

设作用在滑体 Ω 上的主动力矢为 $\boldsymbol{f}_{ext}$，包括重力、加固力和地震力等，$\boldsymbol{f}_{ext}$ 关于参考点 r_c 的力矩为 $\boldsymbol{m}_{ext}$。整个滑体的三个力平衡条件和三个力矩平衡条件分别为

$$\iint_S \mathrm{d}\boldsymbol{f} + \boldsymbol{f}_{\mathrm{ext}} = 0 \tag{7.4a}$$

$$\iint_S \mathrm{d}\boldsymbol{m}_{\mathrm{c}} + \boldsymbol{m}_{\mathrm{ext}} = 0 \tag{7.4b}$$

假定滑面满足莫尔-库仑强度准则，则当滑体处于极限平衡状态时，有

$$\tau = \frac{1}{F_{\mathrm{s}}}\left[c_{\mathrm{e}} + f_{\mathrm{e}}\left(\sigma - u\right)\right] = \frac{1}{F_{\mathrm{s}}}\left(c_{\mathrm{w}} + f_{\mathrm{e}}\sigma\right) \tag{7.5a}$$

式中：F_{s} 为安全系数；c_{e}和f_{e}为抗剪强度参数，采用有效应力抗剪强度参数，进行总应力分析时为总应力抗剪强度参数；u 为孔隙水压力，当采用总应力分析时 $u=0$ ；c_{w}可表示为

$$c_{\mathrm{w}} = c_{\mathrm{e}} - f_{\mathrm{e}}u \tag{7.5b}$$

将式（7.1）～式（7.3）和式（7.5a）分别代入式（7.4a）和式（7.4b），整理得

$$\iint_S \sigma\left(F_{\mathrm{s}}\boldsymbol{n} + f_{\mathrm{e}}\boldsymbol{s}\right)\mathrm{d}S + F_{\mathrm{s}}\boldsymbol{f}_{\mathrm{ext}} + \iint_S c_{\mathrm{w}}\boldsymbol{s}\mathrm{d}S = 0 \tag{7.6a}$$

$$\iint_S \Delta\boldsymbol{r}_{\mathrm{c}} \times \left(F_{\mathrm{s}}\boldsymbol{n} + f_{\mathrm{e}}\boldsymbol{s}\right)\sigma\mathrm{d}S + F_{\mathrm{s}}\boldsymbol{m}_{\mathrm{ext}} + \iint_S c_{\mathrm{w}}\Delta\boldsymbol{r}_{\mathrm{c}} \times \boldsymbol{s}\mathrm{d}S = 0 \tag{7.6b}$$

引入三个六阶向量：

$$\begin{cases} \boldsymbol{n}' = \begin{pmatrix} \boldsymbol{n} \\ \Delta\boldsymbol{r}_{\mathrm{c}} \times \boldsymbol{n} \end{pmatrix} \\ \boldsymbol{s}' = \begin{pmatrix} \boldsymbol{s} \\ \Delta\boldsymbol{r}_{\mathrm{c}} \times \boldsymbol{s} \end{pmatrix} \\ \boldsymbol{f}_m = \begin{pmatrix} \boldsymbol{f}_{\mathrm{ext}} \\ \boldsymbol{m}_{\mathrm{ext}} \end{pmatrix} \end{cases} \tag{7.7}$$

从而可将式（7.6a）和式（7.6b）合并成更紧凑的形式：

$$\iint_S \left(F_{\mathrm{s}}\boldsymbol{n}' + f_{\mathrm{e}}\boldsymbol{s}'\right)\sigma\mathrm{d}S + F_{\mathrm{s}}\boldsymbol{f}_{\mathrm{m}} + \iint_S c_{\mathrm{w}}\boldsymbol{s}'\mathrm{d}S = 0 \tag{7.8}$$

7.2　关于滑面应力分布

现在从滑体内由滑面至坡面取出一铅垂的微圆柱，微圆柱上所受的载荷如图 7.1 所示，有：柱体底面 dS 上的反力 $\sigma\boldsymbol{n}\mathrm{d}S+\tau\boldsymbol{s}\mathrm{d}S$ ，柱体的重力$-\boldsymbol{k}\mathrm{d}w$ 和地震力 $\boldsymbol{e}\mathrm{d}q$，作用于微圆柱顶部面元 $\mathrm{d}S^{\mathrm{u}}$ 的外力 $\boldsymbol{p}\mathrm{d}S^{\mathrm{u}}$ ，以及圆柱周围的土体对它的作用力 d$\boldsymbol{h}$。这里 $\boldsymbol{k}$ 为 z 轴的单位向量，dw 为微圆柱所受重力，$\boldsymbol{e}$ 为指向地震力方向的单位向量，$\boldsymbol{p}$ 为 $\mathrm{d}S^{\mathrm{u}}$ 上的面力矢量。

微圆柱的平衡条件为

$$\sigma\boldsymbol{n}\mathrm{d}S + \tau\boldsymbol{s}\mathrm{d}S - \boldsymbol{k}\mathrm{d}w + \boldsymbol{e}\mathrm{d}q + \boldsymbol{p}\mathrm{d}S^{\mathrm{u}} + \mathrm{d}\boldsymbol{h} = \boldsymbol{0} \tag{7.9a}$$

用 $\boldsymbol{n}$ 点乘式（7.9a），得

$$\sigma = n_3\frac{\mathrm{d}w}{\mathrm{d}S} - n_e\frac{\mathrm{d}q}{\mathrm{d}S} - p_n\frac{\mathrm{d}S^{\mathrm{u}}}{\mathrm{d}S} - \boldsymbol{n}\cdot\frac{\mathrm{d}\boldsymbol{h}}{\mathrm{d}S} \tag{7.9b}$$

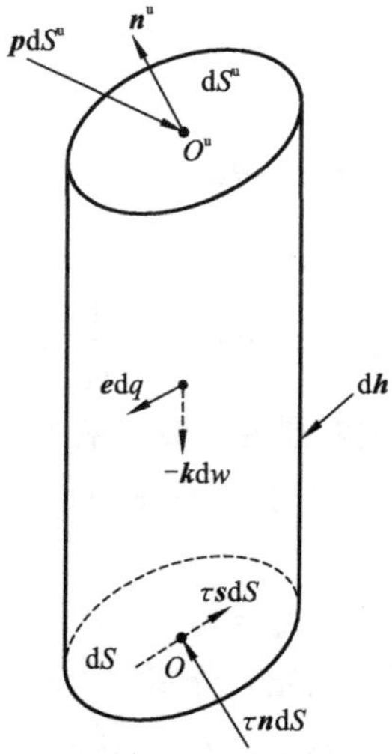

图 7.1　滑体内一微圆柱的受力示意图

式中：n_3 为 $\boldsymbol{n}$ 在 z 方向的分量。

注意到

$$\begin{cases}\dfrac{\mathrm{d}S^{\mathrm{u}}}{\mathrm{d}S}=\dfrac{n_3}{n_3^{\mathrm{u}}}\\ \mathrm{d}q=K_{\mathrm{c}}\mathrm{d}w\\ \mathrm{d}w=\overline{\gamma}\ hn_3\mathrm{d}S\end{cases} \tag{7.9c}$$

式中：n_3^{u} 为微圆柱顶部表面的单位外法线 $\boldsymbol{n}^{\mathrm{u}}$ 在 z 方向的分量；K_{c} 为地震系数[2]；h 为微圆柱的高；$\overline{\gamma}$ 为沿微圆柱中心线 OO^{u} 上的土体平均重度，且

$$\overline{\gamma}=\frac{1}{h}\int_{z_0}^{z_1}\gamma\,\mathrm{d}z \tag{7.9d}$$

式中：z_0 和 z_1 分别为微圆柱底面中心 O 和顶面中心 O^{u} 的 z 坐标。

$$n_e=\boldsymbol{n}\cdot\boldsymbol{e},\quad p_n=\boldsymbol{n}\cdot\boldsymbol{p} \tag{7.9e}$$

将式（7.9c）代入式（7.9b）并整理得

$$\sigma=\sigma_0+h_{\mathrm{n}} \tag{7.10}$$

式中：h_{n} 为条间力对滑面法向应力的贡献，是静不定的；σ_0 为来自体积力和坡顶载荷的贡献，且

$$\sigma_0=n_3\left[(1-k_{\mathrm{c}})n_3\overline{\gamma}\ h-\frac{1}{n_3^{\mathrm{u}}}p_{\mathrm{n}}\right] \tag{7.11}$$

滑面法向应力的分布形式[式（7.10）]提示可以用如下方式来逼近滑面法向应力：

$$\sigma=\sigma_0+f(x,\ y;\ \boldsymbol{a}) \tag{7.12}$$

式中：$f(x,\ y;\ \boldsymbol{a})$ 为一个含待定的五阶向量 $\boldsymbol{a}$、关于水平坐标（x，y）的函数。

之所以引入 5 个参变量是考虑到式（7.8）中的 6 个分量平衡方程最多只能解出 6 个未知量，而安全系数 F_{s} 已经占据了一个位置。本书用分片三角形线性插值来构造 $f(x,\ y;\ \boldsymbol{a})$。

解释如下：设滑体 Ω 在水平坐标面 xOy 的投影区域为 Ω_{xy}，用图 7.2 所示的椭圆来表示。现在用一个含 5 个节点的三角形网 T_m 来覆盖 Ω_{xy}，T_m 上的 5 个节点的插值函数 $l_i(x, y)$（i=1，2，…，5）可像有限元那样借助于 T_m 上的 4 个三角形的面积坐标来形成，如此可将 f（x，y；a）表示成

$$f(x, y; \boldsymbol{a}) = \boldsymbol{l}^{\mathrm{T}}\boldsymbol{a} \tag{7.13a}$$

式中：$\boldsymbol{l} = (l_1, l_2, \cdots, l_5)^{\mathrm{T}}$，满足归一化条件

$$\sum_{i=1}^{5} l_i = 1 \tag{7.13b}$$

从而可得

$$\sigma = \sigma_0 + \boldsymbol{l}^{\mathrm{T}}\boldsymbol{a} \tag{7.14}$$

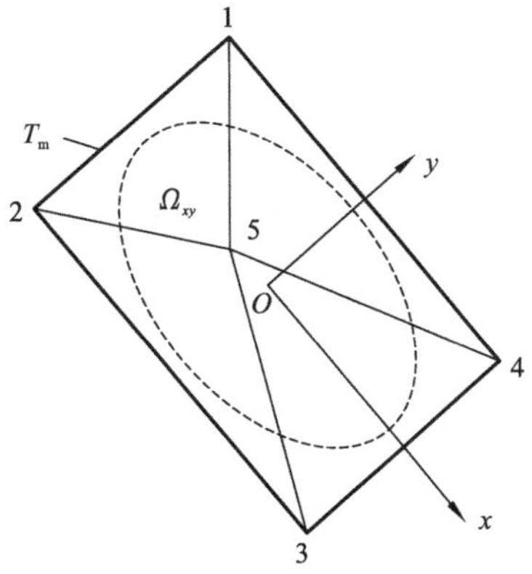

图 7.2　滑面法向应力插值三角网

若固定节点 1～4，而令节点 5 在四边形 1234 内变化，则安全系数的值可能随节点 5 位置的变化而变化。如此就存在这样一个问题：到底取哪一个安全系数的值。因为三维分析通常是在指定滑面上进行的，因此根据潘家铮极值原理[156, 180]应选取最大的安全系数作为解答。这里应强调的是，在分析土坡时，由于土体不能承受拉应力，在确定安全系数时还应考虑推力面的形状，使其尽可能地位于滑体之内。作者的计算经验表明，安全系数对节点 5 的位置并不敏感，通常仅相差 6%。

7.3　以 F_s 和 $\boldsymbol{a}$ 为未知量的方程组

将式（7.14）代入式（7.8），得到以 F_s 和 $\boldsymbol{a}$ 为未知量的非线性方程组：

$$\boldsymbol{g}(F_s, \boldsymbol{a}) = F_s\boldsymbol{A}\boldsymbol{a} + \boldsymbol{B}\boldsymbol{a} + F_s\boldsymbol{c} + \boldsymbol{d} = \boldsymbol{0} \tag{7.15}$$

式中：$\boldsymbol{A}$ 和 $\boldsymbol{B}$ 均为 6×5 阶矩阵；$\boldsymbol{c}$ 和 $\boldsymbol{d}$ 均为六阶向量，其表达式分别为

$$\boldsymbol{A} = \iint_S \boldsymbol{n}'\boldsymbol{l}^{\mathrm{T}}\,\mathrm{d}S \tag{7.16a}$$

$$\boldsymbol{B}=\iint_S f_e \boldsymbol{s}'\boldsymbol{l}^{\mathrm{T}}\mathrm{d}S \tag{7.16b}$$

$$\boldsymbol{c}=\boldsymbol{f}_{\mathrm{m}}+\iint_S \sigma_0 \boldsymbol{n}'\mathrm{d}S \tag{7.16c}$$

$$\boldsymbol{d}=\iint_S \left(c_{\mathrm{w}}+f_e\sigma_0\right)\boldsymbol{s}'\mathrm{d}S \tag{7.16d}$$

7.4 式（7.15）解的存在性

现在给出式(7.15)解的存在性证明。为此先构造$\boldsymbol{g}(F_s,\boldsymbol{a})=\boldsymbol{0}$的一个同伦(homotopy)：

$$\boldsymbol{h}\left(F_s,\boldsymbol{a};\lambda\right)=F_s\boldsymbol{A}\boldsymbol{a}+\boldsymbol{B}\boldsymbol{a}+F_s\boldsymbol{c}+\lambda\boldsymbol{d}=\boldsymbol{0} \tag{7.17}$$

显然 $\boldsymbol{g}$（F_s，$\boldsymbol{a}$）=$\boldsymbol{h}$（F_s，$\boldsymbol{a}$；1）。将式（7.17）写成以 F_s 为参量的关于 λ 和 $\boldsymbol{a}$ 的六阶线性方程组：

$$\left(\boldsymbol{d},F_s\boldsymbol{A}+\boldsymbol{B}\right)\begin{pmatrix}\lambda\\ \boldsymbol{a}\end{pmatrix}=-F_s\boldsymbol{c} \tag{7.18}$$

若 $F_s\neq 0$，利用式（7.17）的 6 个分量函数之间的函数独立性可以证明式（7.18）的系数矩阵（$\boldsymbol{d}$，$F_s\boldsymbol{A}+\boldsymbol{B}$），也就是 $\boldsymbol{h}$（F_s，$\boldsymbol{a}$；λ）关于 λ 和 $\boldsymbol{a}$ 的雅可比（Jacobian）是非奇异的，因此由克拉默法则可从中解得

$$\lambda=F_s\frac{\det(-\boldsymbol{c},\ F_s\boldsymbol{A}+\boldsymbol{B})}{\det(\boldsymbol{d},\ F_s\boldsymbol{A}+\boldsymbol{B})} \tag{7.19}$$

若存在实数 F_s^0，使 λ（F_s^0）=1，则式（7.15）解的存在性便得以证明。

首先，注意到这样一个事实：滑体起滑时，滑面上各点的滑动方向可能各不相同，但它们在水平面上的投影却大致平行于一个称为主滑方向的水平向量[176]，即滑面上各点的阻滑方向 $\boldsymbol{s}$ 都平行于一个铅垂面。为了考虑滑面各点的滑动方向在水平面上的投影可能存在偏转，这里并不要求与阻滑方向平行的这个面垂直，并记这个面的法向量为 $\boldsymbol{n}_s$。

现构造一个六阶向量 $\boldsymbol{h}$，使其前三个分量与 $\boldsymbol{n}_s$ 相等，后三个分量为 0。由 $\boldsymbol{n}_s^{\mathrm{T}}\boldsymbol{s}=0$ 及 $\boldsymbol{d}$ 和 $\boldsymbol{B}$ 的定义可知：$\boldsymbol{h}^{\mathrm{T}}\boldsymbol{d}=0$ 且 $\boldsymbol{h}^{\mathrm{T}}\boldsymbol{B}=0$，从而可知矩阵 $(\boldsymbol{d},\ \boldsymbol{B})$ 是奇异的，因此 $\det(\boldsymbol{d},\ \boldsymbol{B})=0$。而 $(\boldsymbol{d},\ \boldsymbol{B})$ 又是 F_s 的五次多项式 $\det\left(\boldsymbol{d},\ F_s\boldsymbol{A}+\boldsymbol{B}\right)$ [即式（7.19）的分母]的常数项，所以 F_s 是该多项式的一个因子，可与式（7.19）右端的第一个 F_s 相消，从而令式（7.19）中的 λ=1 可得到一个关于 F_s 的一元五次方程，而一元五次方程至少存在一个实根，式（7.15）解的存在性也因此而得以证明。

容易证明，若 $f_e\neq 0$，则存在非零的五阶向量 $\boldsymbol{a}'$，使 $F_s=0$ 和 $\boldsymbol{a}=\boldsymbol{a}'$是式（7.15）的一个解，称该解为式（7.15）的平凡解。

事实上，由 $\det(\boldsymbol{d},\ \boldsymbol{B})=0$ 可知存在五阶向量 $\boldsymbol{b}$ 和标量 β''，其中向量 $\boldsymbol{b}$ 和 β''不同时为零使 $\boldsymbol{B}\boldsymbol{b}+\beta\boldsymbol{d}=0$ 成立，立即可以断定 $\beta''\neq 0$，否则若 $\beta''=0$ 则由 $\boldsymbol{B}$ 为列满秩可知 $\boldsymbol{b}=\boldsymbol{0}$，与“$\boldsymbol{b}$ 和 β''不同时为 0”矛盾。故可知 $F_s=0$ 和 $\boldsymbol{a}=\boldsymbol{a}'\equiv\boldsymbol{b}/\beta''$是式（7.15）的一个解。

式(7.15)既然存在安全系数为 0 的平凡解，就要求在设置迭代初值时，不要将 F_s 的初值取得过小，否则用牛顿法得到的可能是无用的平凡解。

下面给出并证明式（7.15）存在 $F_s>0$ 的实数解的一个充分性条件：如果滑面阻滑方

向 $\boldsymbol{s}$ 满足 $\det(\boldsymbol{c},\ \boldsymbol{A})$ 与 $\det(\boldsymbol{d},\ \boldsymbol{A})$ 和 $\det(\boldsymbol{c},\ \boldsymbol{B})$ 符号都相反，则式（7.15）存在 $F_s>0$ 的实数解。

需要指出的是，若上述充分性条件成立，即使滑面各点的阻滑方向不再平行于一个平面，式（7.15）仍然存在 $F_s>0$ 的实数解。

首先，注意到式（7.19）中的分子和分母是两个关于 F_s 的一元五次多项式，其最高次项 F_s^5 的系数分别是 $\det(-\boldsymbol{c},\ \boldsymbol{A})$ 和 $\det(\boldsymbol{d},\ \boldsymbol{A})$，根据上述条件，这两个数的符号相同，因此当 $F_s\to+\infty$时，$\lambda\to+\infty$。

其次，因为

$$\det(\boldsymbol{c},\ \boldsymbol{B})=\lim_{F_s\to 0}\det\left(\boldsymbol{c},\ F_s\boldsymbol{A}+\boldsymbol{B}\right)$$

$$\det\left(\boldsymbol{c},\ \boldsymbol{A}\right)=\lim_{F_s\to+\infty}\frac{\det\left(\boldsymbol{c},\ F_s\boldsymbol{A}+\boldsymbol{B}\right)}{F_s^5}$$

则依据充分性条件，上述两个极限的符号相反，所以存在 $F_s^0>\mathbf{0}$，使

$$\det\left(\boldsymbol{c},\ F_s^0\boldsymbol{A}+\boldsymbol{B}\right)=0$$

因此也有 λ（F_s^0）=0。结合前面得到的当 $F_s\to+\infty$时，$\lambda\to+\infty$，可知存在 $F_s^1>F_s^0>0$，使 λ（F_s^1）=1 成立。故式（7.15）存在 $F_s>0$ 的实数解。

现在问题的关键就在于上述充分性条件能否成立。先考察 $\det(\boldsymbol{c},\ \boldsymbol{A})$ 和 $\det(\boldsymbol{d},\ \boldsymbol{A})$ 的符号是否相反。由 $\boldsymbol{c}$ 和 $\boldsymbol{d}$ 的定义式（7.16c）和式（7.16d）知，$\boldsymbol{c}$ 代表由主动力矩 $\boldsymbol{f}_m$ 和滑面的法向力 σ_0 所产生的滑动力矩，$\boldsymbol{d}$ 代表对应于 σ_0 的滑面抗剪强度所产生的阻滑力矩，因此，若 σ_0 是准确的，且 $\boldsymbol{s}$ 为滑面的真正阻滑方向，则 $\boldsymbol{c}$ 和 $\boldsymbol{d}$ 的各个分量符号相反。若如此，则 $\det(\boldsymbol{c},\ \boldsymbol{A})$ 和 $\det(\boldsymbol{d},\ \boldsymbol{A})$ 的符号相反应该是不太苛刻的要求。

可类似地讨论 $\det(\boldsymbol{c},\ \boldsymbol{A})$ 和 $\det(\boldsymbol{c},\ \boldsymbol{B})$ 的符号关系。

若 $f_e=0$，这对应于不固结不排水的工况，由 $\boldsymbol{B}$ 的定义可知，$\boldsymbol{B}=\mathbf{0}$。再次令式（7.19）中的 $\lambda=1$，可知安全系数有唯一解并有显式：

$$F_s=-\frac{\det\left(\boldsymbol{d},\ \boldsymbol{A}\right)}{\det\left(\boldsymbol{c},\ \boldsymbol{A}\right)} \tag{7.20}$$

这里再次要求 $\det(\boldsymbol{c},\ \boldsymbol{A})$ 和依赖于滑面阻滑方向 $\boldsymbol{s}$ 的 $\det(\boldsymbol{d},\ \boldsymbol{A})$ 的符号相反。

需要注意的是，许多方法，如 Ugai[140]、Gens 等[125]及 Duncan[45]所给出的其他方法都仅限于 $f_e=0$ 的场合，而对此特例，本书能给出的是安全系数的显示表达式，这再次体现了整体分析法的优势。

7.5　式（7.15）的解法

原则上，可以令式（7.19）中的 $\lambda=1$，然后将其中的行列式展开而得到一个关于 F_s 的一元六次方程，从中解得 F_s 后再代回式（7.15）便可解得向量 $\boldsymbol{a}$。这种解法等价于求解多元多项式方程组的消去法[199]或直接法[200]，但这要涉及大量的高阶行列式的计算，对于高阶多项式方程组，直接法会招致数值不稳定性[200]。作者的经验表明，除非很好地

选择式（7.15）的刻度化处理，否则直接法无法给出可令人接受的解。

尽管尚未从理论上完成解的唯一性证明，但不必担心在应用仅适应于寻求局部解的牛顿法时会遗漏正确的解，原因是根据潘家铮极值原理[156, 180]和 Chugh[201]的算例，此处感兴趣的只是安全系数最大的解，因此只要将 F_s 的迭代初值 F_s^0 取得充分大，如 $F_s^0=10$，便可放心地使用牛顿法来求解式（7.15），而且它还具有与迭代初值无关的数值特性，这是任何其他基于迭代法的条分法都无法比拟的。

当然，对于多元多项式方程组（7.15），也可以学究式地利用已经非常成熟的同伦延拓算法来找出它的全部孤立的实根和虚根[130]。

7.6 域积分的边界化处理

在式（7.15）中，除了主动力（矩）$\boldsymbol{f}_m$ 外，其余各项都为滑面 S 上的曲面积分。为了省去条分过程，需将重力（矩）等体积分转化为边界积分。滑体所受的总重力可表示成

$$w=\sum w_k \tag{7.21a}$$

$$w_k=\gamma_k V_k \tag{7.21b}$$

式中：γ_k 和 V_k 分别为子域 Ω_k 的容重和体积。

Ω_k 的体积为 $\boldsymbol{f}_k^{\mathrm{T}}=\left(k_x w_k, k_y w_k, -w_k\right)$，其中 k_x 和 k_y 分别为沿 x 和 y 方向的地震系数，则 $\boldsymbol{f}_k$ 关于参考点 $\boldsymbol{r}_c$ 的力矩为

$$\boldsymbol{m}_k=\Delta\boldsymbol{r}_g^k\times\boldsymbol{f}_k \tag{7.22a}$$

式中：$\Delta\boldsymbol{r}_g^k$ 为 Ω_k 的几何中心 $\boldsymbol{r}_g^k$ 关于 $\boldsymbol{r}_c$ 的位矢，且

$$\Delta\boldsymbol{r}_g^k=\boldsymbol{r}_g^k-\boldsymbol{r}_c \tag{7.22b}$$

因此，仅需将各子域的体积 V_k 和几何中心 $\boldsymbol{r}_g^k$ 用边界积分来表示。

首先计算 Ω_k 的体积：

$$V_k=\iiint_{\Omega_k}\mathrm{d}V$$

考虑到

$$1=\frac{1}{3}\mathrm{div}\boldsymbol{r}$$

将 V_k 定义式中的被积函数 1 用 $\frac{1}{3}\mathrm{div}\boldsymbol{r}$ 代替并利用高斯（Gauss）公式，得

$$V_k=\frac{1}{3}\oiint_{\partial\Omega_k}\boldsymbol{r}^{\mathrm{T}}\boldsymbol{n}_e\mathrm{d}S \tag{7.23}$$

式中：$\boldsymbol{n}_e$ 为 Ω_k 的边界 $\partial\Omega_k$ 的单位外法线矢量。

然后再计算 Ω_k 的几何中心 $\boldsymbol{r}_g^k$。由定义：

$$\boldsymbol{r}_g^k=\frac{1}{V_k}\iiint_{\Omega_k}\boldsymbol{r}\mathrm{d}V$$

考虑到

$$\boldsymbol{r}=\nabla\left(\frac{1}{2}\boldsymbol{r}^{\mathrm{T}}\boldsymbol{r}\right) \tag{7.24}$$

将式（7.24）代入 $\boldsymbol{r}_{\mathrm{g}}^{k}$ 的定义式并再次利用高斯公式，得

$$\boldsymbol{r}_{\mathrm{g}}^{k}=\frac{1}{2V_k}\oint\!\!\!\!\iint_{\partial\Omega_k}(\boldsymbol{r}^{\mathrm{T}}\boldsymbol{r})\boldsymbol{n}_{\mathrm{e}}\mathrm{d}S \tag{7.25}$$

至此，已将所有的域积分转化成边界积分了。

7.7 算例与讨论

如前所述，采用本书所建议的方法仅需对滑体表面进行剖分，以下诸例皆采用了 ANSYS 的壳体划分功能。分析中取迭代初值为 $F_{\mathrm{s}}^{0}=10.0$ 和 $\boldsymbol{a}^{0}=\boldsymbol{0}$。所有算例皆在 6 次迭代内达到了安全系数的绝对误差小于10^{-7}的精度。

7.7.1 算例 1：椭球体滑体边坡

本例来自 Zhang[130]的研究。今考虑两种情况：情况 1 中的滑体是椭球体的一部分，情况 2 中的滑体同情况 1，但其底部被一水平软弱夹层所切割。

椭球体关于 xOz 平面对称，定义为

$$\left(\frac{x-x_0}{a_x}\right)^2+\left(\frac{y}{b_y}\right)^2+\left(\frac{z-z_0}{a_x}\right)^2=1$$

此处取 $a_x=24.4$ m，$b_y=66.9$ m，边坡的其他尺寸由其在对称面 xOz 平面上的几何形状决定，如图 7.3 所示。

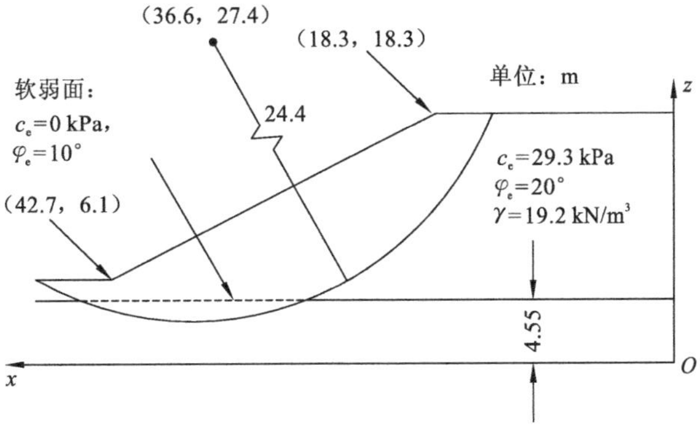

图 7.3 Zhang[130]的椭球体算例

因滑体均质、对称，如果对称地对滑体进行条分，则关于 z 轴和 x 轴的力矩平衡能被自动满足，此时 Zhang[130]所建议的能满足三个力平衡和一个绕 y 轴的力矩平衡的解也可被视为严格解，因此，Zhang[130]的解被许多学者用来检验各自程序的正确性。然而这

里在对滑体表面进行三角剖分时，没有利用对称性。

（1）情况 1。图 7.4 显示了滑体表面的三角剖分，共有三角形 3 264 个，其中滑面上的三角形的数目为 1607，解的精度是由滑面上的三角剖分所决定的。基于图 7.5 所示的滑面法向应力插值三角网，所算得的安全系数为 2.140，比 Zhang[130]的 2.122 略大。

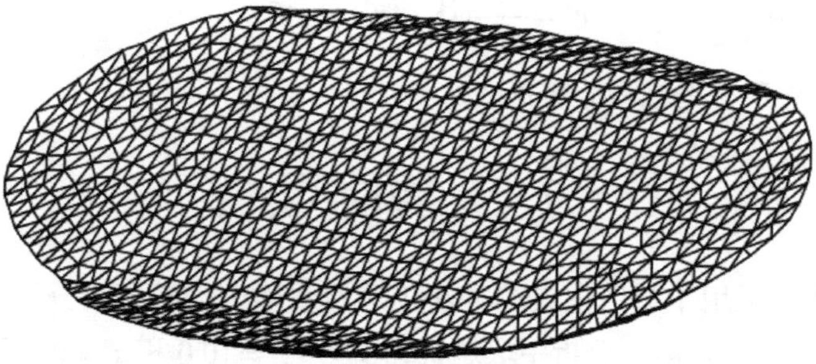

图 7.4 情况 1 滑体表面的三角剖分

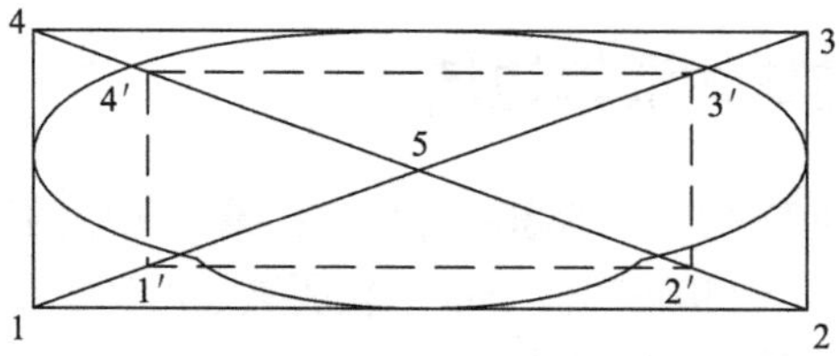

图 7.5 滑面法向应力插值三角网（算例 1）

现在令节点 5 在图 7.5 所示的四边形 1′ 2′ 3′ 4′ 内变化，其中四边形 1′ 2′ 3′ 4′ 的边长比四边形 1234 小 20%，所求得的安全系数在一个非常窄的范围（2.139～2.141）内变化。

虽然二维分析的经验表明，条间力分布对安全系数的值影响很小[145]，但作者认为，如果是针对土坡分析，检查推力面形状还是必要的。例如，在利用 Morgenstern-Price 法并尝试了充分多的条间力角度分布曲线 $f(x)$ 后，靠近坡顶的推力线仍然位于坡体之外，就说明这部分的条间推力为拉力，此时应该尝试增设或调整拉力缝，甚至变更整个滑面，以确保条间推力皆为压力，并进而确保所设滑面接近临界滑面。

遗憾的是，至今尚未看到三维情况下如何绘制推力面的报道，为此作者在自己的程序中增设了寻求推力面的功能。图 7.6 显示了对应于图 7.5 所示的节点 5 在四边形 1234 的中心和在点 4′ 时滑体内的推力面。由图 7.6 可见，除了在滑体上部和两侧外的部分区域外，推力面皆位于滑体内部，说明该椭球滑面偏离临界滑面并不太大。

（2）情况 2。软弱夹层部分的三角形数目为 363，滑面其他部分的三角形数目为 1325，剖分密度与情况 1 大致相当。令图 7.5 所示的节点 5 位于四边形 1234 的中心算得的安全系数为 1.706。当节点 5 在四边形 1′ 2′ 3′ 4′ 内变化时，所求得的安全系数为 1.690～1.706。对于此情况 Zhang[130]的结果为 1.553。

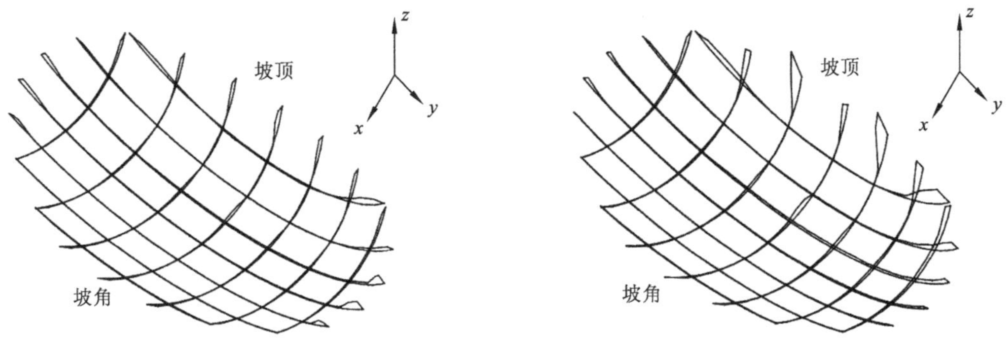

（a）节点5在四边形1234的中心　　（b）节点5在点 4′

图 7.6　椭球体算例的推力面

两种情况下 Zhang[130]的结果都偏小，大概是因为 Zhang[130]的方法忽略了四棱柱沿滑动方向上的两个侧面的剪力，显然这一对剪力是有助于滑体稳定的。

7.7.2　算例 2：楔形滑体边坡

设置本例是为了说明本书所提的方法在处理非对称滑面方面的能力。

图 7.7 显示了一个楔形滑体及其表面的三角剖分，其中 *ABC* 和 *OAB* 是两个抗剪性能相同的结构面：$c_e = 0.05$ MPa，$\varphi_e = 30°$，滑体容重为 26 kN/m^3。为了便于重复，楔形体的 4 个顶点的坐标也在图 7.7 中予以标出。若假定楔形滑体的滑动方向与两结构面的交线 *AB* 平行，则楔形滑体是静定的，对于本例安全系数有精确值 1.640[2]。基于本书所建议的方法和图 7.8 所示的滑面法向应力插值三角网，所算得的安全系数的值为 1.636。由此可见，尽管三角网并不太细，但仍能给出令人满意的分析结果。

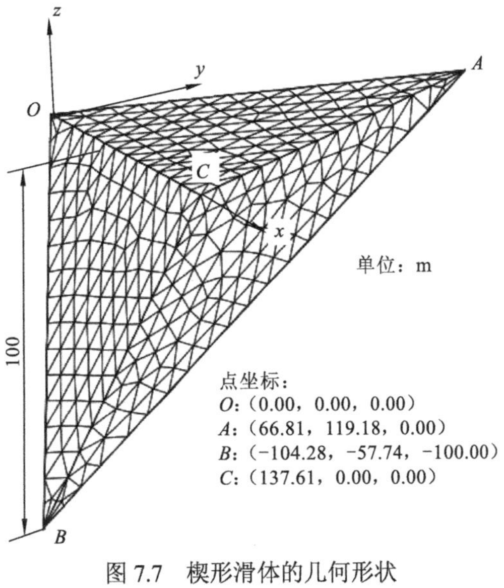

图 7.7　楔形滑体的几何形状

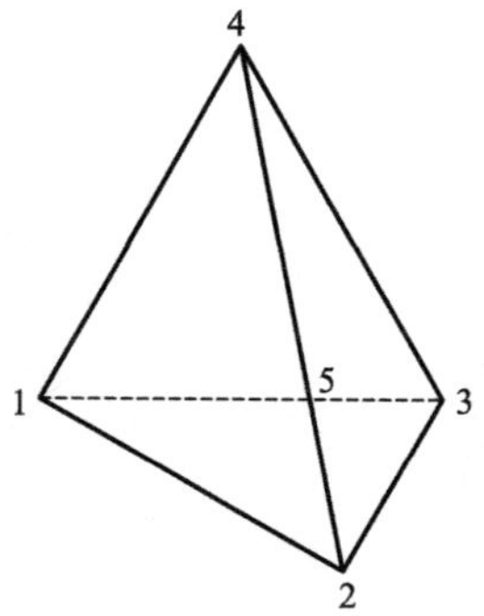

图 7.8　算例 2 所用的滑面法向应力插值网

当令图 7.8 所示的节点 5 在整个四边形 1234 内移动时，安全系数不发生变化[143]。

第 8 章　考虑加固措施的严格三维极限平衡方法

众所周知，只要边坡岩体的强度确定，边坡的稳定性即可确定。因此，边坡岩体的质量对坝基稳定性的影响是不容忽视的。然而，在工程实际的岩体中都会存在一些对边坡稳定性不利的软弱结构面或错动带。因此，为保证边坡抗滑稳定性，在工程中采用锚固洞等抗滑措施处理不利的软弱结构面或错动带是在所难免的。

本章认为岩土材料安全系数的定义之所以基于强度储备概念，是因为工程界认为不确定性因素的存在需要其强度存在一定储备。而锚固洞等加固措施的强度是由实验室人工测定的，由于其确定性，不再存在储备。从而，将滑面上天然岩土材料和强度确定的锚固洞等加固措施分别考虑，提出了考虑加固措施的严格三维极限平衡方法[202]。

8.1　滑体的极限平衡方程

8.1.1　面元上的力和力矩

设作用在滑体 Ω 的滑面 S 上的法向应力和切向应力分别为σ和τ，则作用在单位法线为 $\boldsymbol{n}$ 的某一典型面元 dS 上的法向力为$\sigma\boldsymbol{n}$dS，沿阻滑方向 $\boldsymbol{s}$ 的摩阻力为 $\tau\boldsymbol{s}$dS，所以面元 dS 上的反力为

$$\mathrm{d}\boldsymbol{f} = (\sigma\boldsymbol{n} + \tau\mathbf{s})\mathrm{d}S \tag{8.1}$$

这里，规定 $\boldsymbol{n}$ 指向滑体内部。反力 d$\boldsymbol{f}$ 关于任意参考点 $\boldsymbol{r}_{\mathrm{c}}$ 的力矩为

$$\mathrm{d}\boldsymbol{m}_{\mathrm{c}} = \Delta\boldsymbol{r}_{\mathrm{c}} \times \mathrm{d}\boldsymbol{f} \tag{8.2}$$

$$\Delta\boldsymbol{r}_{\mathrm{c}} = \boldsymbol{r} - \boldsymbol{r}_{\mathrm{c}} \tag{8.3}$$

式中：$\boldsymbol{r}$ 为面元 dS 的矢径。

8.1.2　整体平衡方程组

设作用在滑体 Ω 上的主动力矢为 $\boldsymbol{f}_{\mathrm{ext}}$，包括重力、加固力和地震力等外荷载，$\boldsymbol{f}_{\mathrm{ext}}$ 关于参考点 $\boldsymbol{r}_{\mathrm{c}}$ 的力矩为 $\boldsymbol{m}_{\mathrm{ext}}$。整个滑体的三个力平衡条件和三个力矩平衡条件分别为

$$\iint_S \mathrm{d}\boldsymbol{f} + \boldsymbol{f}_{\mathrm{ext}} = 0 \tag{8.4}$$

$$\iint_S \mathrm{d}\boldsymbol{m}_{\mathrm{c}} + \boldsymbol{m}_{\mathrm{ext}} = 0 \tag{8.5}$$

假定滑面满足莫尔-库仑强度准则，则当滑体处于极限平衡状态时，对于天然的岩土材料，有

$$\tau = \frac{1}{F_s}\left[c_e + f_e(\sigma - u)\right] = \frac{1}{F_s}(c_w + f_e\sigma) \tag{8.6}$$

式中：F_s为安全系数；c_e和f_e为抗剪强度参数，进行有效应力分析时为有效应力抗剪强度参数，进行总应力分析时为总应力抗剪强度参数；u为孔隙水压力，当进行总应力分析时$u=0$；对于c_w有

$$c_w = c_e - f_e u \tag{8.7}$$

而对于锚固洞等抗滑结构，抗剪强度是确定的，并没有额外的储备。因此，

$$\tau = c_e + f_e(\sigma - u) = c_w + f_e\sigma \tag{8.8}$$

假定对应于天然岩土材料的滑面面积为S_1，对应于支挡结构的滑面面积为S_2，则有

$$S=S_1+S_2 \tag{8.9}$$

将式（8.1）~式（8.3）、式（8.6）、式（8.8）和式（8.7）分别代入式（8.4）和式（8.5），整理得

$$F_s\left[\iint_S \boldsymbol{n}'\sigma \mathrm{d}S + \iint_{S_2}\left(c_w + f_e\sigma\right)\boldsymbol{s}'\mathrm{d}S + \boldsymbol{f}_m\right] + \iint_{S_1}\left(c_w + f_e\sigma\right)\boldsymbol{s}'\mathrm{d}S = 0 \tag{8.10}$$

其中，

$$\boldsymbol{n}' = \begin{pmatrix} \boldsymbol{n} \\ \Delta\boldsymbol{r}_c \times \boldsymbol{n} \end{pmatrix},\quad \boldsymbol{s}' = \begin{pmatrix} \boldsymbol{s} \\ \Delta\boldsymbol{r}_c \times \boldsymbol{s} \end{pmatrix},\quad \boldsymbol{f}_m = \begin{pmatrix} \boldsymbol{f}_{ext} \\ \boldsymbol{m}_{ext} \end{pmatrix} \tag{8.11}$$

8.2 关于滑面应力分布

现在从滑体内由滑面至坡面取出一铅垂的微圆柱，微圆柱上所受的载荷如图 8.1 所示，柱体底面 dS 上的反力为 $\sigma\boldsymbol{n}\mathrm{d}S+\tau\boldsymbol{s}\mathrm{d}S$，柱体的重力为$-\boldsymbol{k}\mathrm{d}w$，地震力为 $\boldsymbol{e}\mathrm{d}q$，作用于微圆柱顶部面元 d$S^u$ 的外力为 $\boldsymbol{p}\mathrm{d}S^u$，以及圆柱周围的土体对它的作用力为 d$\boldsymbol{h}$。这里 $\boldsymbol{k}$ 为 z 轴的单位向量，dw 为微圆柱的重量，$\boldsymbol{e}$ 为指向地震力方向的单位向量，$\boldsymbol{p}$ 为 dS^u 上的面力矢量。

微圆柱的力平衡条件为

$$\sigma\boldsymbol{n}\mathrm{d}S + \tau\boldsymbol{s}\mathrm{d}S - \boldsymbol{k}\mathrm{d}w + \boldsymbol{e}\mathrm{d}q + \boldsymbol{p}\mathrm{d}S^u + \mathrm{d}\boldsymbol{h} = 0 \tag{8.12}$$

用 $\boldsymbol{n}$ 点乘式（8.12），得

$$\sigma = n_3\frac{\mathrm{d}w}{\mathrm{d}S} - n_e\frac{\mathrm{d}q}{\mathrm{d}S} - p_n\frac{\mathrm{d}S^u}{\mathrm{d}S} - \boldsymbol{n}\frac{\mathrm{d}\boldsymbol{h}}{\mathrm{d}S} \tag{8.13}$$

式中：n_3为 $\boldsymbol{n}$ 在 z 方向的分量。

注意到

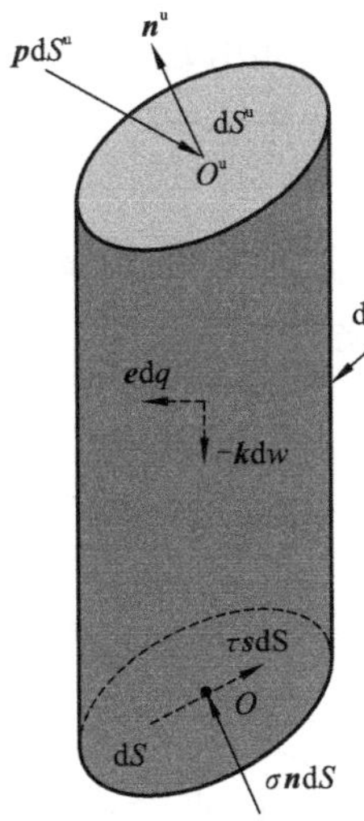

图 8.1　滑体内一微圆柱的受力示意图

$$\begin{cases}\dfrac{\mathrm{d}S^{\mathrm{u}}}{\mathrm{d}S}=\dfrac{n_3}{n_3^{\mathrm{u}}}\\ \mathrm{d}q=K_{\mathrm{c}}\mathrm{d}w\\ \mathrm{d}w=\bar{\gamma}hn_3\mathrm{d}S\end{cases} \tag{8.14}$$

式中：n_3^{u} 为微圆柱顶部表面的单位外法线 $\boldsymbol{n}^{\mathrm{u}}$ 在 z 方向的分量；K_{c} 为地震系数；h 为微圆柱的高度；$\bar{\gamma}$ 为沿微圆柱中心线 OO^{u} 上的土体单位重度的平均值，且

$$\bar{\gamma}=\frac{1}{h}\int_{z_0}^{z_1}\gamma\mathrm{d}z \tag{8.15}$$

式中：z_0 和 z_1 分别为微圆柱底面中心 O 和顶面中心 O^{u} 的 z 坐标。

$$n_e=\boldsymbol{n}\cdot\boldsymbol{e}\,,\qquad p_n=\boldsymbol{n}\cdot\boldsymbol{p} \tag{8.16}$$

将式（8.14）代入式（8.13）并整理得

$$\sigma=\sigma_0+h_{\mathrm{n}} \tag{8.17}$$

式中：h_{n} 为条间力对滑面法向应力的贡献，是静不定的；σ_0 为来自体积力和坡顶载荷的贡献，且

$$\sigma_0=n_3\left[(1-k_{\mathrm{c}}')n_3\bar{\gamma}h-\frac{1}{n_3^{\mathrm{u}}}p_n\right] \tag{8.18}$$

其中，$k_{\mathrm{c}}'=\dfrac{n_e}{n_3}K_{\mathrm{c}}$。

滑面法向应力的分布形式［式（8.17）］提示可以用如下方式来逼近滑面法向应力：

$$\sigma=\sigma_0+f(x,\ y;\ \boldsymbol{a}) \tag{8.19}$$

式中：$f(x,\ y;\ \boldsymbol{a})$ 为一个含待定的五阶向量 $\boldsymbol{a}$、关于水平坐标（x,y）的函数。

之所以引入 5 个参变量是考虑到式（8.10）中的 6 个分量平衡方程最多只能解出 6 个未知量，而安全系数 F_{s} 已经占据了一个位置。本章用分片三角形线性插值来构造 $f(x,\ y;\ \boldsymbol{a})$。解释如下：设滑体 Ω 在水平坐标面 xOy 的投影区域为 Ω_{xy}，用图 8.2 所示的椭

圆来表示。现在用一个含 5 个节点的三角网 T_{m} 来覆盖 Ω_{xy}，T_{m} 上的 5 个节点的插值函数 $l_i(x, y)$（$i=1,2,\cdots,5$）可像有限元那样借助于 T_{m} 上的 4 个三角形的面积坐标来形成，如此可将 $f(x, y; \boldsymbol{a})$ 表示成

$$f(x, y; \boldsymbol{a}) = \boldsymbol{l}^{\mathrm{T}}\boldsymbol{a} \tag{8.20}$$

式中：$\mathbf{l}=\{l_1, l_2, \cdots, l_5\}^{\mathrm{T}}$，满足归一化条件

$$\sum_{i=1}^{5} l_i = 1 \tag{8.21}$$

从而可得

$$\sigma = \sigma_0 + \boldsymbol{l}^{\mathrm{T}}\boldsymbol{a} \tag{8.22}$$

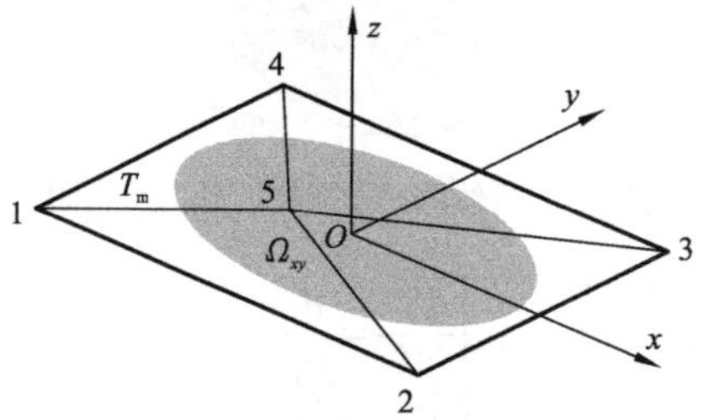

图 8.2　滑面法向应力插值三角网

若固定节点 1～4，而令节点 5 在四边形 1234 内变化，则安全系数的值可能随节点 5 位置的变化而发生改变。这里应强调的是，在分析土坡时，由于土体不能承受拉应力，在确定安全系数时还应考虑推力面的形状，使其尽可能地位于滑体之内。

8.3　代数特征值问题

将式（8.22）代入式（8.10），得到以 F_{s} 和 $\boldsymbol{a}$ 为未知量的非线性方程组：

$$\boldsymbol{g}(F_{\mathrm{s}}, \boldsymbol{a}) = F_{\mathrm{s}}\boldsymbol{A}\boldsymbol{a} + \boldsymbol{B}\boldsymbol{a} + F_{\mathrm{s}}\boldsymbol{c} + \boldsymbol{d} = \mathbf{0} \tag{8.23}$$

式中：$\boldsymbol{A}$ 和 $\boldsymbol{B}$ 均为 6×5 阶矩阵；$\boldsymbol{c}$ 和 $\boldsymbol{d}$ 均为六阶向量，其表达式分别为

$$\boldsymbol{A} = \iint_S \boldsymbol{n}'\boldsymbol{l}^{\mathrm{T}}\mathrm{d}S + \iint_{S_2} f_{\mathrm{e}}\boldsymbol{s}'\boldsymbol{l}^{\mathrm{T}}\mathrm{d}S$$

$$\boldsymbol{B} = \iint_{S_1} f_{\mathrm{e}}\boldsymbol{s}'\boldsymbol{l}^{\mathrm{T}}\mathrm{d}S$$

$$\boldsymbol{c} = \iint_{S_2} (c_{\mathrm{w}} + f_{\mathrm{e}}\sigma_0)\boldsymbol{s}'\mathrm{d}S + \boldsymbol{f}_m + \iint_S \boldsymbol{n}'\sigma_0\mathrm{d}S$$

$$\boldsymbol{d} = \iint_{S_1} (c_{\mathrm{w}} + f_{\mathrm{e}}\sigma_0)\boldsymbol{s}'\mathrm{d}S$$

式（8.23）解的存在性，可参考文献[96]给出证明。

由于式(8.23)有较强的非线性，通过一般的牛顿法找到真正的安全系数的可能性较小。现将 $\boldsymbol{g}$（F_{s}，$\boldsymbol{a}$）表示成如下形式：

$$(\boldsymbol{B},\boldsymbol{d})\begin{pmatrix}\boldsymbol{a}\\1\end{pmatrix} + F_{\mathrm{s}}(\boldsymbol{A},\boldsymbol{c})\begin{pmatrix}\boldsymbol{a}\\1\end{pmatrix} = 0 \tag{8.24}$$

其实，式（8.24）就等价于一个广义特征值问题：

$$\boldsymbol{Qx} = \lambda \boldsymbol{Px} \tag{8.25}$$

式中：$\boldsymbol{Q} = (\boldsymbol{B}, \boldsymbol{d})$；$\boldsymbol{P} = -(\boldsymbol{A}, \boldsymbol{c})$；$\lambda$ 为与特征向量 $\boldsymbol{x} = (\boldsymbol{a}, 1)^{\mathrm{T}}$ 对应的特征值。

至此，就可以将非线性方程组（8.23）表述为一个代数特征值问题。

尽管尚未从理论上完成方程组（8.23）解的唯一性证明，而且式（8.25）会给出 6 对解 $(\lambda, \boldsymbol{x})$，不必担心寻求安全系数的麻烦。由潘家铮极值原理[156, 180]，得到的 6 对解里最大的 λ 及其对应的 $\boldsymbol{x} = (\boldsymbol{a}, 1)^{\mathrm{T}}$ 即为所求。

对于广义特征问题，已有比较成熟的算法，如 Kressner[203]给出的“QZ”算法。MATLAB 也能提供这种算法，因此在求解过程中不会有任何麻烦。

8.4 算例与讨论

为验证该方法考虑加固措施的正确性，本书采用单位正方体的一半为研究对象，荷载只受重力作用。滑面为滑体（该研究对象）的底滑面，如图 8.3 所示，滑动方向也见图 8.3。滑面正应力插值网格如图 8.4 所示。

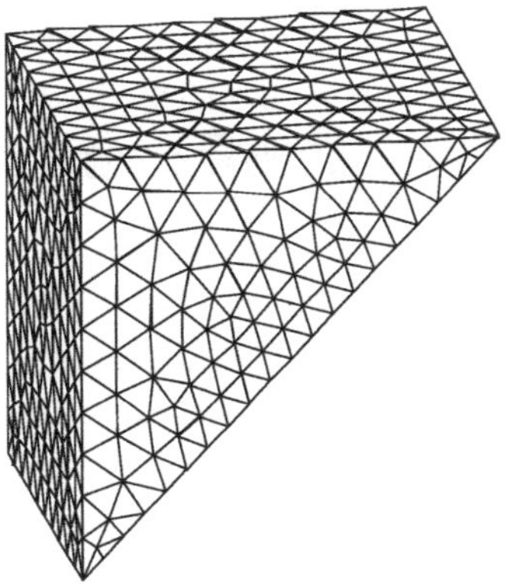

（a）滑体正面图

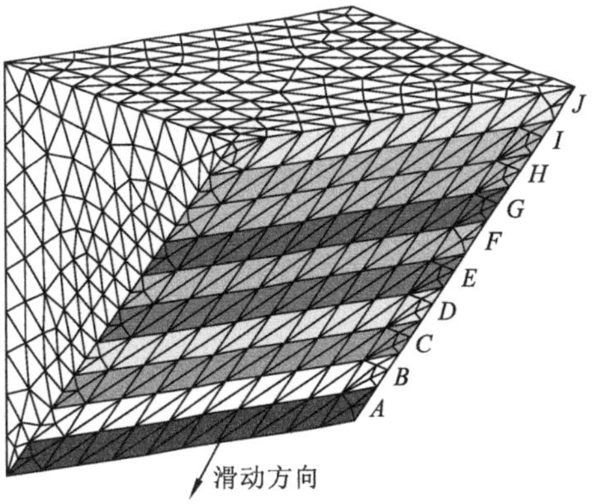

（b）滑面

图 8.3　算例计算模型及网格

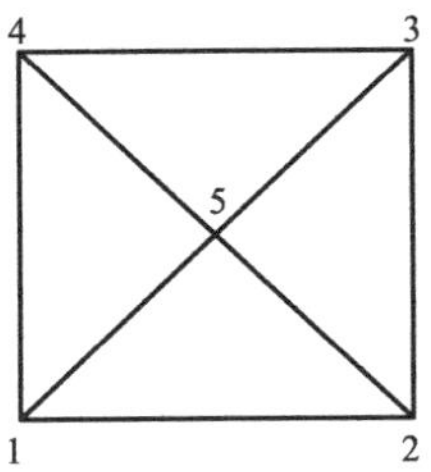

图 8.4　算例正应力插值网格

由理论分析可知，不考虑黏聚力的情况下此滑块安全系数的理论解可由 $F_{\mathrm{s}} = \tan\varphi$ 给出，其中 φ 为滑面的内摩擦角。在不设置任何加固措施的情况下，不断调整滑面的内摩擦角 φ 的值，可得到安全系数与理论解的对比，如图 8.5 所示。从图 8.5 看出，本书所建议的方法与理论解完全吻合。

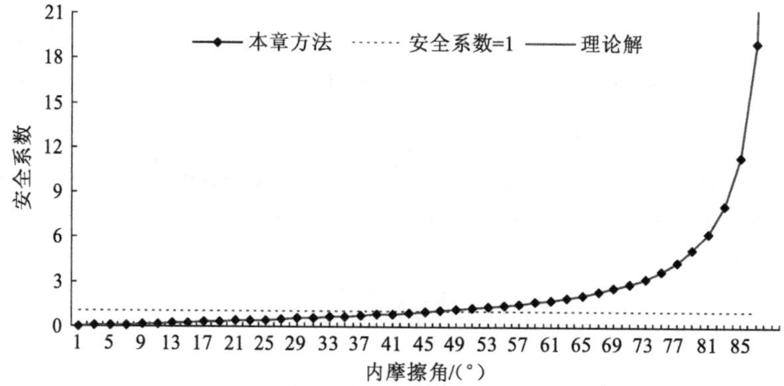

图 8.5　计算结果与理论解

一般说来，在滑体的不同部位设置抗剪洞，所得到的加固效果不一定相同。因此，将滑面划分成各个条块，如图 8.3 所示，并编号为 *A*，*B*，…，*J*。现分别只加固 *A*，*B*，…，*J* 中的一个，其余不加固，采用“材料-0”，抗剪洞的材料参数分别“材料-1”和“材料-2”时的计算结果如图 8.6 所示。材料参数见表 8.1。图 8.6 表明，滑面加固的材料强度越高加固效果越好，采用同样的加固措施在坡脚设置措施效果最好。采用两种不同强度的材料，抗剪洞设置在坡脚比设置在坡顶效果要好。

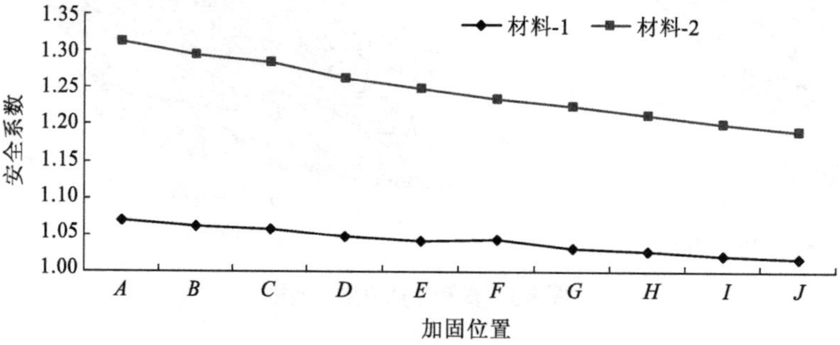

图 8.6　安全系数随加固位置变化

表 8.1　算例材料参数

材料	黏聚力/Pa	内摩擦角/（°）	密度/（g/cm^3）
材料-0	0	45	1.6
材料-1	1000	50	—
材料-2	10000	50	—

至此，为达到潜在滑体的坡脚设置加固措施最优，到底设置多大面积的抗剪洞才能满足滑体的稳定需要呢？从不加固开始，从坡脚的 A 沿着潜在滑面往上逐步增加抗剪洞的面积，所得安全系数的结果如图 8.7 所示，可以看出，当设置到 E 条块时，滑体的安全系数急剧增高，而 E 也正好是该滑体滑面的中间位置[202]。

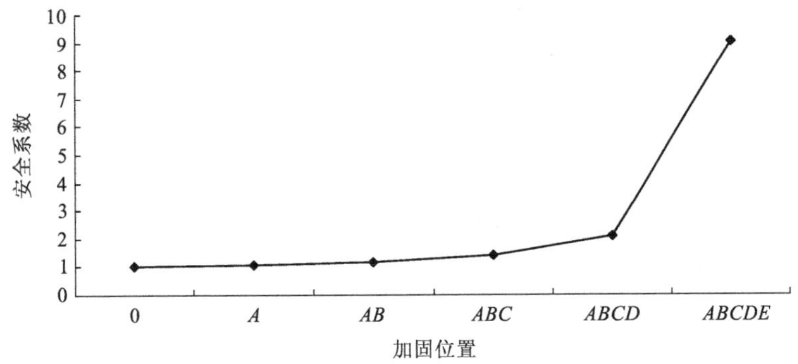

图 8.7　安全系数随加固面积变化

8.5　工程应用：重力坝深层抗滑稳定性

8.5.1　工程地质条件

左岸 11#坝段岩性为灰绿色角砾集块熔岩($P_2\beta_1^{5\text{-}2}$)，岩石坚硬，岩体微新，局部受错动带影响呈弱风化-微新状态，岩体完整，以块状-次块状为主。

该坝段节理裂隙总体不发育，主要发育 6 组节理：①N20°～50° W/NE∠15°～30°，此组节理个别走向变为 SN 向，倾左岸偏下游，面平直粗糙，面新鲜。该组节理在消力池部位延伸长。②N70°～80° W（EW）/NE(S)∠25°～35°，性状同①③N20° E/SE∠20°～35° 延伸短小，面平直粗糙，面新鲜，总体上不发育。①、②、③节理在 II 类岩体中连通率约 45%～60%，III1 类岩体内的连通率约 70%。III2 类岩体内的连通率约 90%。④N40°～50° W/SW∠2°～50°，延伸短小，主要在状号坝 0+40～80 m 段零星发育。结构面多闭合无充填，面多起伏粗糙，新鲜局部轻微锈染及钙膜。连通率约 15%～20%。⑤N5°～15° W/SW∠75°～85°，与似层面平行，在建基面上普遍分布，延伸长度大于 10 m，面平直粗糙，闭合，无充填，微新风化。⑥N50°～60° W/NE∠70°～85°，桩号坝 0+105 m 以后分布较多,延伸长度 5～10 m，少量 10～20 m，间距 0.5～1.5 m。结构面多闭合-微张，局部裂隙张开，面多平直光滑，面多新鲜-轻微锈染。此外，零星发育 N40° E/NW∠40°～50°，延伸长度 1～3 m，间距一般 20～50 cm，面平直粗糙，微张，有钙膜，局部充填岩屑。连通率约 15%～20%。

与左岸 11#坝段（高程 1 166～1 175 m）有关的错动带共 13 条，见表 8.2。

表 8.2　11#坝段错动带汇总

编号	桩号 / m	产状	带宽/cm	延伸长度/m	性状类型
fxh01	坝 0-20～0+20	N23°～46°E/SE∠22°～34°	2～8	60	岩屑夹泥型
fx11-4	坝 0-40～坝 0-18	N35°～40°W/NE∠60°	20～40	>100	岩块岩屑型
fxh11-1	坝 0-2～坝 0+4	N60W/SW∠15.2°	2～5	6	岩屑夹泥型
fxh11-2	坝 0+15～坝 0+25	N60～75E/SE∠40～50°	10～20	>50	岩屑夹泥型
fxh11-3	坝 0+8～坝 0+14	N45°W/NE∠10～15°	2～5	6	岩块岩屑型
fxh11-5	坝 0-4～坝 0+5	N75°W/NE∠20°	2～5	9	岩块岩屑型
fxh11-6	坝 0-18～坝 0+2	N20°W/NE∠40°	20	5	岩屑夹泥型
Fx7-3	坝 0+22～坝 0+35	SN/W∠75°	10～30	>100	岩屑夹泥型
fxh12-1	坝 0+35～坝 0+55	N60°～70°W/NE∠15°	5～20	50	岩块岩屑型
fx10-25	坝 0+54～坝 0+75	N30°W/SW∠60°	15～25	>100	岩屑夹泥型
fxh12-8	坝 0+82～坝 0+90	N10°W/NE∠25°	5～15	30	岩屑夹泥型
fxh05	坝 0+75～坝 0+110	EW/S∠30～35°	10～30	>30	岩块岩屑型
fxh11-20	坝 0+95～坝 0+140	N50°E/SE∠15°	10～30	>100	岩块岩屑型

8.5.2　潜在滑移模式分析

由以上地质条件可知，以坝踵建基面、裂隙②、fx12-1、fxh05 和裂隙⑤为底滑面，11#坝段及坝基形成潜在的不稳定滑体。根据本章提出的方法，建立模型如图 8.8 所示。底滑面的构成如图 8.9 所示。计算所采用的材料参数见表 8.3。裂隙②、裂隙⑤在基岩中的连通率分别为 52.5%和 15%。

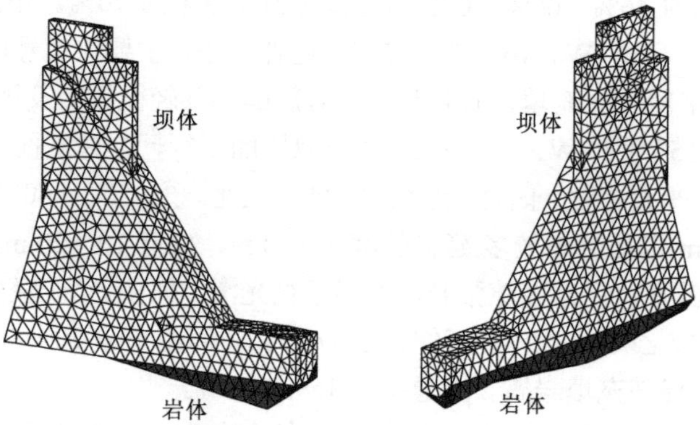

图 8.8　11#坝段计算模型

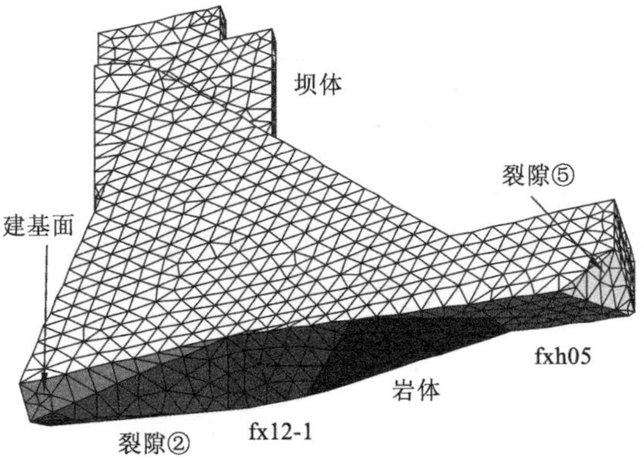

图 8.9　11#坝段滑面组成（加固前）

表 8.3　11#坝段计算参数

材料	黏聚力/MPa	摩擦系数	密度/（g/cm³）
坝体	1.37	1.20	2.52
岩体	1.75	1.30	2.85
建基面	1.20	1.20	—
混凝土	1.37	1.20	2.52
裂隙	0.15	0.75	—
fx12-1，fxh05	0.075	0.55	—

8.5.3　计算结果及加固处理措施

根据计算结果，未加任何处理措施的条件下，所计算得到安全系数为 2.06。如果参照现行《混凝土重力坝设计规范》（SL 319—2005）[204]中有关二维抗滑稳定安全系数的要求，该滑移模式未能满足稳定性的要求。

由于 fx12-1 揭露较浅，如果挖除部分 fx12-1 设置抗剪洞。如图 8.10 所示，如果设置 6 m 抗剪洞，该坝段安全系数为 2.67；如果设置 10 m 抗剪洞，安全系数为 3.43；而设置 12 m 抗剪洞，所计算得到的安全系数为 4.09，如表 8.4 所示。

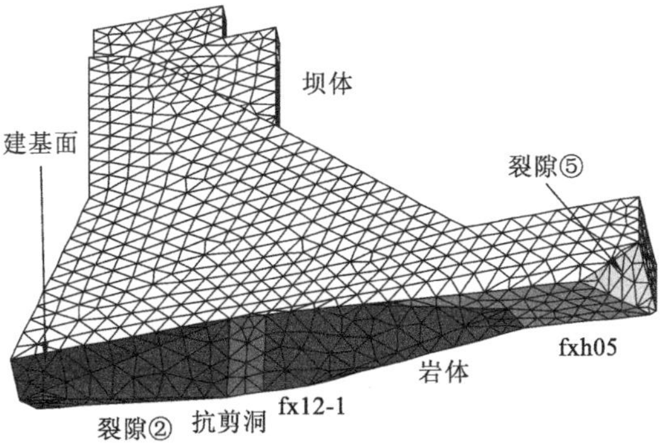

图 8.10　11#坝段滑面组成（加固后）

表 **8.4** 加固措施计算结果

抗剪洞宽度(上下游方向)/m	0	6	10	12
安全系数	2.06	2.67	3.43	4.09

同样参照规范里对于二维极限平衡法的安全系数要求，挖除 10 m 左右 fx12-1，设置抗剪洞即可满足该坝段的抗滑稳定性要求。

第 9 章　涉水边坡稳定性分析与工程应用

在三峡库区滑坡工程勘察、设计的评审中，发现一些需要澄清和解决的问题：①库水位涨落条件下浸润线的确定缺乏依据；②降雨条件下浸润线的确定比较随意。以上两点均与土体渗流相关，对于边坡来说，库水的下降对坡体最为不利，往往导致滑坡的发生。库水的涨落和降雨属不稳定渗流问题，与库水的涨落速度、坡体的渗透系数及降雨量等因素有关，正确的方法是考虑这些因素来确定浸润线，然后依据浸润线来确定渗透压力，并进行稳定性分析。然而目前大多数勘察单位在浸润线的确定上往往根据设计人员的经验，人为确定一条线来进行稳定性分析，这样可能造成治理工程的不安全[205]。

针对上述问题①，本章采用文献[205]的方法，这里不再赘述。针对上述问题②，本章采用文献[206]的方法，这里简述如下：如图 9.1 所示，假设一无限长斜坡与水平线夹角为 α_0，$h(x,t)$表示由降雨入渗引起的地下水位变化。这些特性的方向都是指垂直方向。

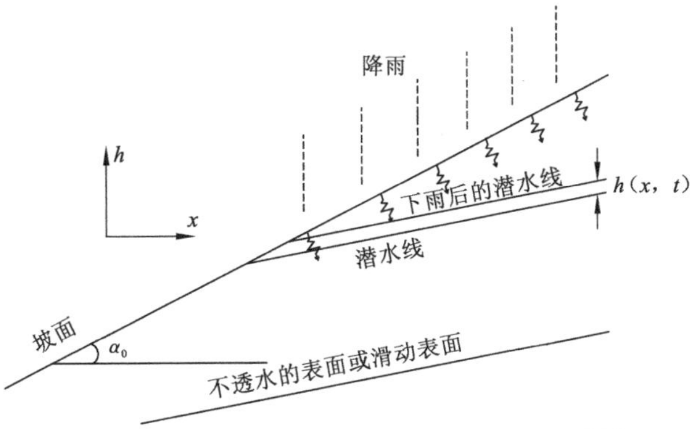

图 9.1　雨水渗透引起的地下水位变化示意图[206]

由于坡体连续性，边坡体的上半部分会出现一些裂纹或裂隙，降雨会通过这些裂纹或裂隙渗入坡体内部，这就会建立降雨与地下水位之间的关系。这种情况也会发生在降雨与地下水位关系较为复杂的低渗透土体中。在降雨和地下水位同步变化的理想假设条件下，可以得到：

$$h_r = n(1-S_r)h_0 \tag{9.1}$$

式中：h_r 为一个持续的降雨事件中渗入单位面积土体内的雨水的体积；h_0 为该降雨事件相对于稳态水位线的增量；n 和 S_r 分别为稳态水位线以上岩土体的孔隙率和饱和度，因此 $n(1-S_r)h_0$ 为降雨入渗存入土体内的水的体积（单位面积）。

进一步简化，可以假设 n 和 S_r 是常数。当然，当坡体内土体完全饱和（S_r=1）时，降雨将无法从地表入渗，因此 h_r = 0。所以式（9.1）可以表述为

$$h_0 = \frac{h_r}{n(1-S_r)}, \quad S_r < 1 \tag{9.2}$$

为了近似地考虑径流效应，假设 h_r 与降雨量 h_n 相关，建议的一个近似表达式为

$$\begin{cases} h_r = h_n, & h_n < \bar{h} \\ h_r = \bar{h}, & h_n \geqslant \bar{h} \end{cases} \tag{9.3}$$

式中：$\bar{h}$ 为降雨通过坡面的渗入量（单位面积），如图 9.2 所示，为了简化，本书中 $\bar{h}$ 作为一个常数来考虑。

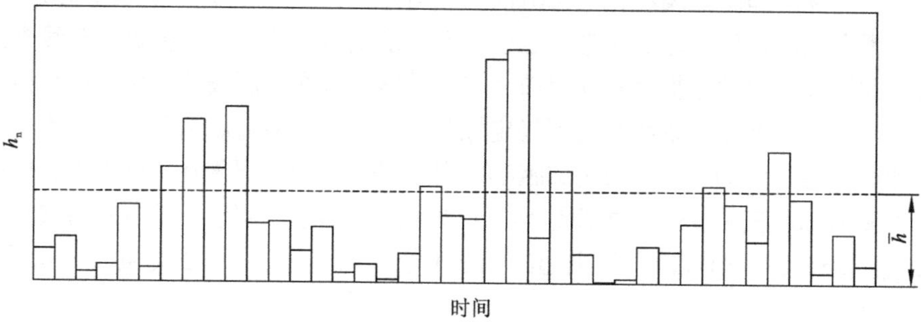

图 9.2　坡面降雨渗入量 $\bar{h}$ 计算[206]

存储在土体内的水逐渐累积引起坡体内饱和部分水的渗流。考虑一个单位宽度为1的边坡条块，渗流平衡的微分形式可以表述为

$$-\mathrm{d}h(x,t)\cdot 1 = ki_0 h(x,t)\cos\alpha_0\,\mathrm{d}t \tag{9.4}$$

式中：t 为时间；k 为土体饱和的水传导系数；i_0 为水力梯度。

另 $k_T = k/1$，则有

$$\frac{\mathrm{d}h(x,t)}{h(x,t)} = -k_T i_0 \cos\alpha_0\,\mathrm{d}t \tag{9.5}$$

采用初始条件（当 $t = t_0$ 时 $h = h_0$）对式（9.5）进行积分，并代入式（9.1），可以得到表达式：

$$h(x,t) = \frac{h_r}{n(1-S_r)}\exp[-k_T i_0 \cos\alpha_0 (t-t_0)] \tag{9.6}$$

这样，就可以得到 N 次降雨事件的表达式：

$$h(x,t) = \sum_{j=1}^{N}\frac{h_{rj}}{n(1-S_r)}\exp[-k_T i_0 \cos\alpha_0 (t-t_{0j})] \tag{9.7}$$

式中：h_{rj} 为由于第 j 次降雨渗入坡体内的水的体积（单位面积）。

一些与式（9.7）近似的表达被推导出来[206]。该方法中涉及的含水层厚度和给水度等确定方法采用文献[205]的方法[207]。

9.1 渗透力（动水压力）的计算

渗流作用下，水对土颗粒的拖拽力，称为渗透力，工程人员将其称为动水压力。渗透力的计算是评价渗流作用下坡体稳定的关键因素，因此其计算的正确与否直接影响评价结果。目前许多单位的技术人员，概念上有些混淆，往往在考虑了周边静水压力后，又把渗透力作为单独的荷载考虑进去，导致水压力的重复计算。在渗透力计算中，有的考虑孔隙比的影响，有的不考虑，究竟如何算，工程人员很迷惑。为了澄清这些模糊认识，可从作用在微条块边界上的水压力分析入手，以最简单的受力分析，来研究渗透力的计算方法[27]。

从坡体中取出一个土条，受力示意图如图 9.3 所示。图中 dW_1 是土条中浸润线以上土体的重力，dW_2 为土条中浸润线以下的土体的饱和重力，P_a 为 AB 边界静水压力的合力，P_b 为 CD 边静水压力的合力，U 为 BC 边静水压力的合力，N 为土颗粒间的接触压力即有效法向压力，α 为土条底面与水平方向的夹角，β_0 为土条中浸润线与水平方向的夹角，h_u 为浸润面以上条块的高度。

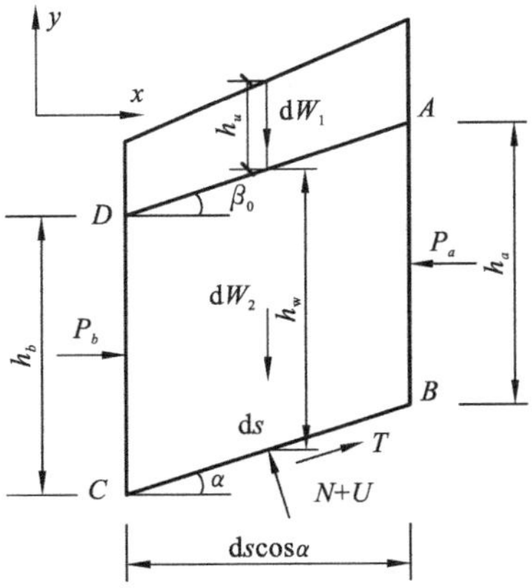

图 9.3　微条块受力示意图

为了确定 AB、CD 和 BC 边上的静水压力 P_a、P_b 和 U，可根据流线与等势线垂直的流网性质来确定周边静水压力。如图 9.4 所示，作 BE 和 CG 垂直于浸润线（流线），再作 GH 垂直于 CD，EF 垂直于 AB，这样就得到 B 点的水头 BF 和 C 点的水头 CH，由几何关系可得

$$U_B = h_a \cos^2 \beta_0, \quad U_C = h_b \cos^2 \beta_0 \tag{9.8}$$

作用在边界 AB 和 CD 上的静水压力的合力为

$$P_a = \frac{1}{2}\gamma_w h_a^2 \cos^2 \beta_0, \quad P_b = \frac{1}{2}\gamma_w h_b^2 \cos^2 \beta_0 \tag{9.9}$$

在滑面 BC 上的静水压力的合力为

$$U = \frac{\gamma_w (h_a + h_b) ds}{2} \cos^2 \beta_0 \tag{9.10}$$

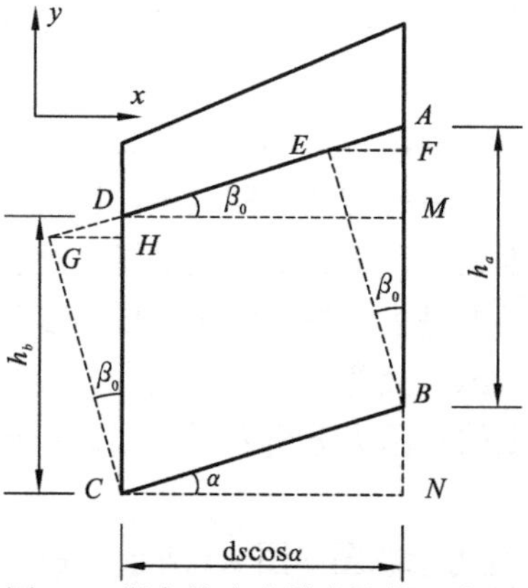

图 9.4 微条块水力梯度计算示意图

该力在竖向和水平方向的分量分别为

$$\begin{cases} U_y = \dfrac{\gamma_w (h_a + h_b) ds}{2} \cos\alpha \cos^2 \beta_0 \\ U_x = \dfrac{\gamma_w (h_a + h_b) ds}{2} \sin\alpha \cos^2 \beta_0 \end{cases} \tag{9.11}$$

土条中水的重量为

$$W_{2w} \equiv \frac{\gamma_w (h_a + h_b) ds}{2} \cos\alpha \tag{9.12}$$

式中：W_{2w} 为土条中浸润线以下水的重力。

令

$$h_w \equiv \frac{h_a + h_b}{2} \tag{9.13}$$

则

$$P_a - P_b = \gamma_w h_w (h_a - h_b) \cos^2 \beta_0 \tag{9.14}$$

$$W_{2w} = h_w \gamma_w ds \cos\alpha \tag{9.15}$$

$$\begin{cases} U_y = \gamma_w h_w ds \cos\alpha \cos^2 \beta_0 \\ U_x = \gamma_w h_w ds \sin\alpha \cos^2 \beta_0 \end{cases} \tag{9.16}$$

对土条中浸润线以下的所有的水荷载进行受力分析，如图 9.5 所示。

所有水荷载在 x 方向的分量为

$$P_a - P_b + U_x = \gamma_w h_w \cos^2 \beta (h_a - h_b + ds \sin\alpha) \tag{9.17}$$

所有水荷载在 y 方向的分量为

$$dW_{2w} - U_y = \gamma_w h_w ds \sin^2 \beta_0 \tag{9.18}$$

由图 9.5 中的几何关系可知：

$$h_a - h_b + ds \sin\alpha = ds \cos\alpha \tan\beta_0 \tag{9.19}$$

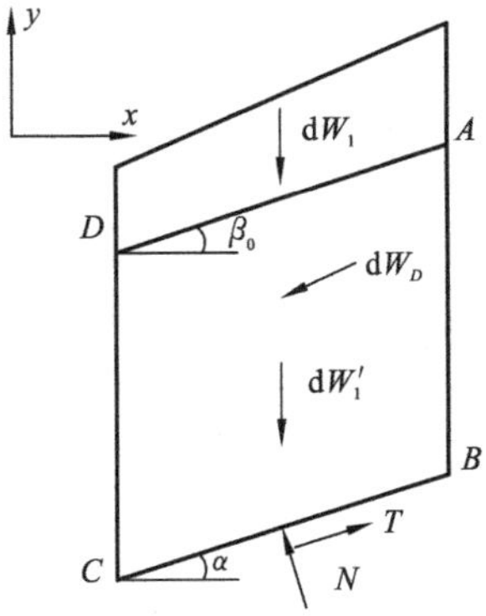

图 9.5　分析微条块浸润线以下水荷载

因此，所有水荷载的合力为

$$dW_D = \gamma_w h_w ds \cos\alpha \sin\beta_0 \tag{9.20}$$

其几何意义是，土条中饱浸水面积、水的重度、水力坡降 $\sin\beta_0$ 的乘积，其大小等于渗透压力或动水压力，其方向与水流方向一致，与水平方向的夹角为 β_0 。

这就证明了，在浸润线以下，渗透压力与土条中的水重和周边静水压力的合力是同一个力。因此，当用渗透压力表述安全系数时，对于浸润线以上取天然重度，对于浸润线以下取土条浮重度和渗透压力即可。这样可将计算简图 9.3 用计算简图 9.5 代替，把土条周边的水压力和水重用一个渗透力 dW_D 代替，使问题简单明了。

9.2　水荷载作用下的滑面正应力表达式

沿滑面 S 的阻滑方向取一弧长 ds 的微分条块 $ABCD$，该条块的受力示意图如图 9.6 所示。其中 dZ_h 和 dZ_v 分别是水平和垂直条间力增量；dw_1 和 dw'_1 分别为条块水面以上和水面以下自重；df_x 和 df_y 为作用在边坡外轮廓线 g 上的荷载在该条块上的水平和竖直力分量，它们与 g 上的法向面力 $\overline{q}_n$ 和切向面力 $\overline{q}_t$ 的关系为

$$df_x = \overline{q}_t dx_g - \overline{q}_n dy_g, \quad df_y = \overline{q}_n dx_g + \overline{q}_t dy_g \tag{9.21}$$

式中：dx_g 和 dy_g 为沿着 g 的正向的微分弧长 ds_g 所对应的 x 和 y 方向上的分量，如图 9.6 所示。

将条块所受的力向滑面的法线方向投影并整理得

$$\begin{aligned}\sigma ds = {} & dW_1 \cos\alpha + dW_1' \cos\alpha + dW_{Dy} \cos\alpha - dW_{Dx} \sin\alpha \\ & + df_x \sin\alpha - df_y \cos\alpha + dZ_v \cos\alpha - dZ_h \sin\alpha\end{aligned} \tag{9.22}$$

因为

$$\begin{cases} dW_1 = \overline{\gamma} h_u dx \\ dW_1' = \overline{\gamma}' h_w dx \end{cases} \tag{9.23}$$

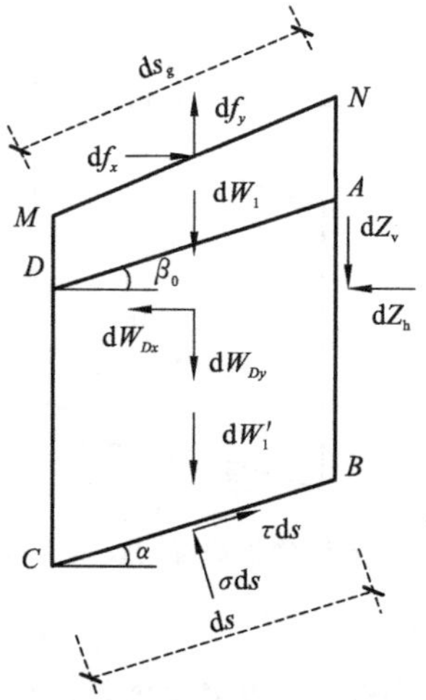

图 9.6　水荷载作用下微条块受力示意图

$$\begin{cases} dW_{Dx} = dW_D \cos\beta_0 \\ dW_{Dy} = dW_D \sin\beta_0 \end{cases} \tag{9.24}$$

式中：h_u 为微条块浸润面以上条块的高度；$\bar{\gamma}$ 为条块平均重度；$\bar{\gamma}'$ 为有效平均重度。

将式（9.21）、式（9.23）和式（9.24）代入式（9.22），并注意到 $dx_g = -dx$ ，可得

$$\sigma = \sigma(x) = \sigma_0 + \sigma^{\mathrm{I}} \tag{9.25}$$

其中，σ^{I} 和 σ_0 分别为条间力和滑体上外荷载对滑面正应力的贡献，它们都是 x 的函数。

$$\sigma^{\mathrm{I}} = \cos\alpha\left(\frac{dZ_v}{dx}\cos\alpha - \frac{dZ_h}{dx}\sin\alpha\right) \tag{9.26}$$

σ_0 可分解为

$$\sigma_0 = \sigma_0^v + \sigma_0^g \tag{9.27}$$

其中，σ_0^v 为滑体体积力对滑面正应力的贡献，

$$\sigma_0^v = \bar{\gamma} h_u \cos^2\alpha + \bar{\gamma}' h_w \cos^2\alpha + \gamma_w h_w \cos^2\alpha \sin^2\beta - \frac{\gamma_w h_w \sin 2\alpha \sin 2\beta_0}{4} \tag{9.28}$$

σ_0^g 为边坡外轮廓线 g 上水压力对滑面正应力的贡献，

$$\sigma_0^g = \cos\alpha\left[\bar{q}_n(\cos\alpha + k_g \sin\alpha) - \bar{q}_t(\sin\alpha - k_g\cos\alpha)\right] \tag{9.29}$$

式中：k_g 为边坡外轮廓线 g 在 M 点的斜率。

虽然通常情况下，条间力 Z_v 和 Z_h 在滑面两端为 0，但其导数 $\frac{dZ_v}{dx}$、$\frac{dZ_h}{dx}$ 却未必为 0；由式（9.25）和式（9.26）可见，滑面两端的正应力也未必为 0，因此，构造滑面正应力分布时，无须使其满足滑面两端为 0 的条件。滑面正应力分布形式式（9.25）提示可这样来构造其逼近式：

$$\sigma = \sigma_0 + f(x;\ a',\ b') \tag{9.30}$$

式中：$f(x;\ a',b')$ 为滑面正应力的修正函数；a'和 b'为两个待定参数。

之所以引入两个待定参数是因为仅有三个平衡方程［(式（9.33)］用来求解三个未知数，而安全系数 F_s 已经占据了未知量中的一个。

本书将 $f(x;\ a',b')$ 取为线性函数[25]：

$$f(x;\ a',b') = a'l_{a'}(x) + b'l_{b'}(x) \tag{9.31}$$

$$l_{a'}(x) = -\frac{x-\overline{x}_{b'}}{\overline{x}_{b'}-\overline{x}_{a'}},\quad l_{b'}(x) = \frac{x-\overline{x}_{a'}}{\overline{x}_{b'}-\overline{x}_{a'}} \tag{9.32}$$

式中：$\overline{x}_{a'}$ 和 $\overline{x}_{b'}$ 分别为滑面 S 的两个端点的 x 坐标。

9.3　水荷载作用下的边坡稳定性分析方法

如图 4.1 所示，由边坡外轮廓线 ACB 和一个潜在的滑面 ADB 所围成的平面区域 Ω 定义为滑坡体，滑坡体内可由多种岩土材料组成。该滑坡体受到的主动力包括体积力（包括自重和水平地震力等）和作用在外轮廓线 ACB 上的面力或集中力；所受到的约束反力包括滑面上的正应力 $\sigma(x)\mathrm{d}s$ 和切向应力 $\tau(x)\mathrm{d}s$。

任取不在同一直线上的三个点（x_{ci}，y_{ci}）（i=1，2，3）作为力矩中心，因为 Ω 处于平衡状态，所以作用于其上的力系关于这三个力矩中心的和力矩为 0，因此可以得到

$$\int_S (\Delta x_{ci}\sigma - \Delta y_{ci}\tau)\mathrm{d}x + (\Delta x_{ci}\tau + \Delta y_{ci}\sigma)\mathrm{d}y + m_{ci} = 0 \tag{9.33}$$

式中：m_{ci} 为作用在滑坡体 Ω 上的所有主动力关于点（x_{ci}，y_{ci}）的力矩；Δx_{ci} 和 Δy_{ci} 为（x_{ci}，y_{ci}）到滑面上点（x，y）的位矢分量，

$$\Delta x_{ci} = x - x_{ci},\quad \Delta y_{ci} = y - y_{ci} \tag{9.34}$$

如果不做特别说明，本节中的角标 i 都是自由角标，当它出现在一个公式中时，就表示指标 i 将遍历 1、2 和 3，也就是依次取三个力矩中心（x_{ci}，y_{ci}）后所得到的三个公式。同时，为了叙述上的简单，假设该边坡为右坡，即坡面高度随着 x 坐标的增加而上升。

假定滑面满足莫尔-库仑强度准则，即滑坡体处于极限平衡状态时

$$\tau = \frac{1}{F_s}(c_e + f_e\sigma) \tag{9.35}$$

式中：F_s 为安全系数；c_e、f_e 为有效应力抗剪强度参数。

把式（9.35）代入式（9.33)，可以得到以滑面上法向应力为未知函数的积分方程组：

$$\int_S L_{ci}^x\sigma\mathrm{d}x + L_{ci}^y\sigma\mathrm{d}y + m_{ci}F_s + d_{ci} = 0 \tag{9.36}$$

其中

$$L_{ci}^x = F_s\Delta x_{ci} - f_e\Delta y_{ci},\quad L_{ci}^y = F_s\Delta y_{ci} + f_e\Delta x_{ci} \tag{9.37}$$

$$d_{ci} = \int_S c_e\Delta x_{ci}\mathrm{d}y - c_e\Delta y_{ci}\mathrm{d}x \tag{9.38}$$

将式（9.30）代入式（9.36）得

$$\boldsymbol{g}(F_s, a', b') \equiv F_s(a'\boldsymbol{u}_1 + b'\boldsymbol{u}_2 + \boldsymbol{u}_3) + a'\boldsymbol{u}_4 + b'\boldsymbol{u}_5 + \boldsymbol{u}_6 \tag{9.39}$$

式中：$g(\mathbf{R}^3 \to \mathbf{R}^3)$为由式（9.39）定义的关于$F_s$、$a'$和$b'$的三阶非线性向量函数；$\boldsymbol{u}_1$，$\boldsymbol{u}_2$，…，$\boldsymbol{u}_6$为6个三阶向量，定义为

$$u_{1,i} = \int_S \Delta x_{ci} l_{a'} \mathrm{d}x + \Delta y_{ci} l_{a'} \mathrm{d}y \tag{9.40}$$

$$u_{2,i} = \int_S \Delta x_{ci} l_{b'} \mathrm{d}x + \Delta y_{ci} l_{b'} \mathrm{d}y \tag{9.41}$$

$$u_{3,i} = m_{ci} + \int_S \Delta x_{ci} \sigma_0 \mathrm{d}x + \Delta y_{ci} \sigma_0 \mathrm{d}y \tag{9.42}$$

$$u_{4,i} = -\int_S f_e \Delta y_{ci} l_{a'} \mathrm{d}x - f_e \Delta x_{ci} l_{a'} \mathrm{d}y \tag{9.43}$$

$$u_{5,i} = -\int_S f_e \Delta y_{ci} l_{b'} \mathrm{d}x - f_e \Delta x_{ci} l_{b'} \mathrm{d}y \tag{9.44}$$

$$u_{6,i} = -\int_S (c_e + f_e \sigma_0) \Delta y_{ci} \mathrm{d}x - (c_e + f_e \sigma_0) \Delta x_{ci} \mathrm{d}y \tag{9.45}$$

式（9.39）可以采用拟牛顿法[172]来求解。这里，求解过程中需要$\boldsymbol{g}(F_s, a', b')$的雅可比（Jacobian）矩阵，定义为

$$D\boldsymbol{g}(F_s, a', b') \equiv (D\boldsymbol{g}_{F_s}, D\boldsymbol{g}_{a'}, D\boldsymbol{g}_{b'}) \tag{9.46}$$

其中，三个列向量表达如下：

$$D\boldsymbol{g}_{F_s} \equiv \frac{\partial \boldsymbol{g}(F_s, a', b')}{\partial F_s} = a\boldsymbol{u}_1 + b\boldsymbol{u}_2 + \boldsymbol{u}_3 \tag{9.47}$$

$$D\boldsymbol{g}_{a'} \equiv \frac{\partial \boldsymbol{g}(F_s, a', b')}{\partial a} = F_s \boldsymbol{u}_1 + \boldsymbol{u}_4 \tag{9.48}$$

$$D\boldsymbol{g}_{b'} \equiv \frac{\partial \boldsymbol{g}(F_s, a', b')}{\partial b} = F_s \boldsymbol{u}_2 + \boldsymbol{u}_5 \tag{9.49}$$

在本书中，方程求解的迭代过程如果满足如下条件就结束迭代，得到未知数的解。该条件表达为

$$\Delta F_s < \varepsilon_{F_s} \tag{9.50}$$

式中：ΔF_s为两个连续迭代步之间的差值；ε_{F_s}为人为定义的安全系数容许值。

在后面的所有算例中，$\varepsilon_{F_s} = 10^{-3}$，均采用牛顿法[172]。滑坡体的边界离散成微小线段网格。在微小线段网格上，滑面的正应力假定为常数。

9.4 工程应用：库岸边坡

本节采用三峡库区某个边坡，对其在降雨和库水位涨落共同作用下的稳定性演化规律研究。

该滑坡位于长江支流青干河右岸，青干河自西向东从滑坡前缘经过，滑坡距河口约6 km，下距位于青干河左岸的千将坪滑坡（2003年7月13日发生滑坡）约1.5 km，距

三峡大坝坝址 50 km，地理位置如图 9.7 所示。

图 9.7 该滑坡地理位置图

该滑坡体南西高北东低，滑体后缘高程 405 m，前缘高程 140 m 以下，滑坡左、右边界以基岩山脊与山谷交接处为界，总坡度为 20°。滑体长 400 m，宽 700 m，平均厚度约 15 m，体积为 $420\times10^4\ m^3$。2007 年 2 月 24 日滑坡体前缘中部出现了明显的滑移变形的次级滑坡，次级滑坡区域的后缘位于高程约 225 m 的村级公路上，前缘至坡脚青干河库水位高程 152 m（2007 年 3 月 10 日水位）以下，东西均宽约 110 m，纵长约 300 m，平面面积约 $3.3\times10^4\ m^2$，总体积约 $50\times10^4\ m^3$。地质剖面图如图 9.8 所示。

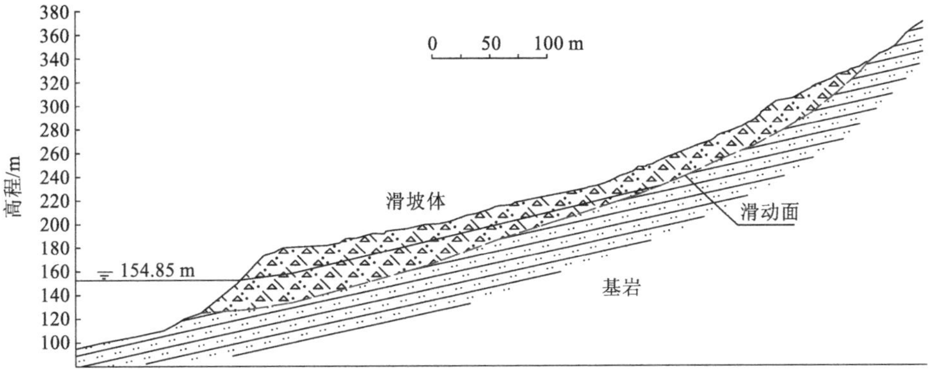

图 9.8　该滑坡体地质剖面图

图 9.9 是三峡水库首次蓄水期间的库水位变化曲线和月平均降水量图。本节以此为计算条件，研究该滑坡在此期间的稳定性演化规律。物理力学参数如表 9.1 所示，表中

分别针对影响边坡浸润线的三个参数（渗透系数、孔隙率及饱和度）采用不同的数值进行计算，用以分析这些参数对安全系数的影响。本书分别计算了只有库水位变化、只有降雨作用及降雨和库水位变化共同作用三种情况下表 9.1 中各组参数的安全系数，如图 9.10～图 9.17 所示。

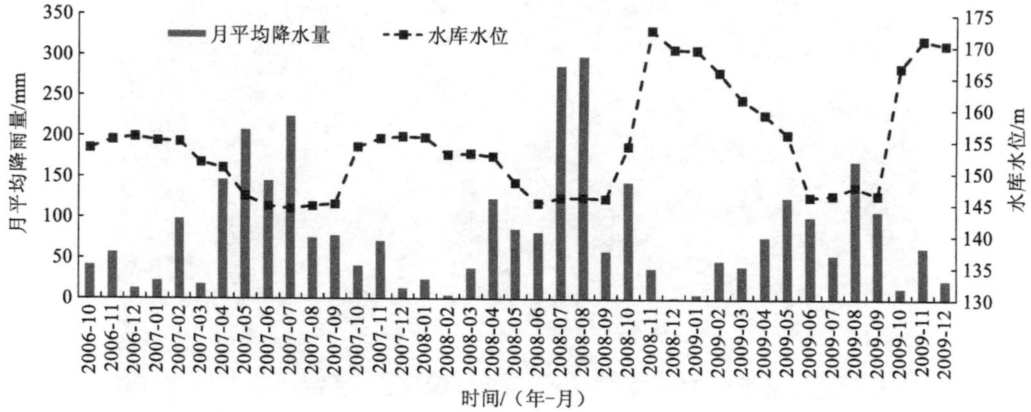

图 9.9　三峡水库首次蓄水期间的库水位变化曲线和月平均降水量图

表 9.1　该滑坡体计算参数

重量（γ）/（kN/m^3）饱和状态	重量（γ）/（kN/m^3）自然条件	剪切强度 饱和状态 c_e/kPa	剪切强度 饱和状态 φ /（°）	剪切强度 自然条件 c_e/kPa	剪切强度 自然条件 φ /（°）	潜水含水层厚度（H_m）/m	渗透系数（K）/（m/d）	孔隙率（n）	饱和度（S_r）
22.4	20.8	18	0.10	22	20	65	0.01/0.10/1.00	0.3	0.8
							0.1	0.1/0.3/0.5	0.8
							0.1	0.3	0.4/0.6/0.8

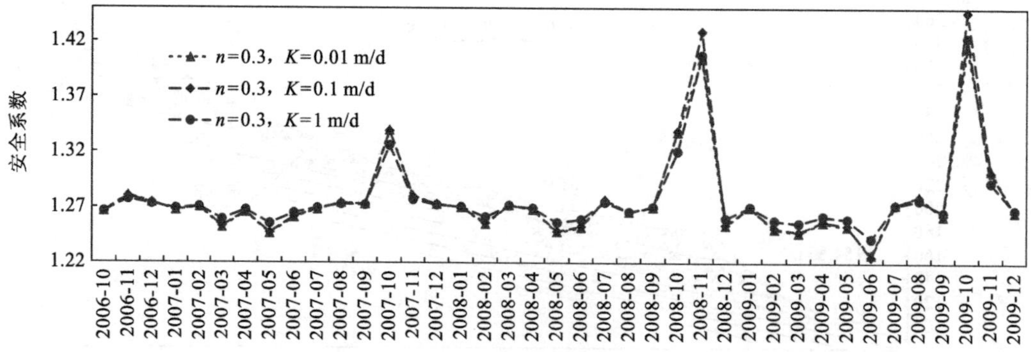

图 9.10　2006 年 10 月～2009 年 12 月水库水位波动条件下滑坡体安全系数
（不同渗透系数）

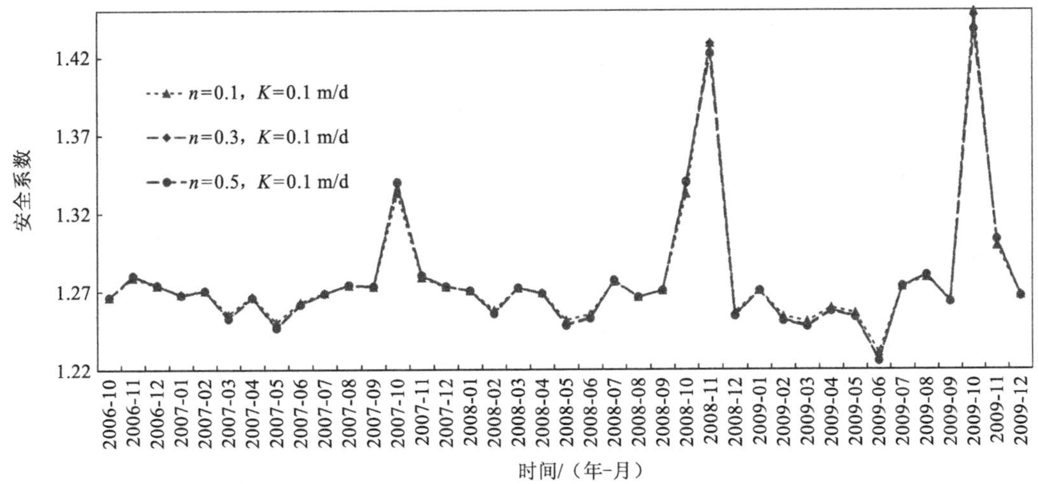

图 9.11　2006 年 10 月～2009 年 12 月水库水位波动条件下滑坡体的安全系数（不同孔隙率）

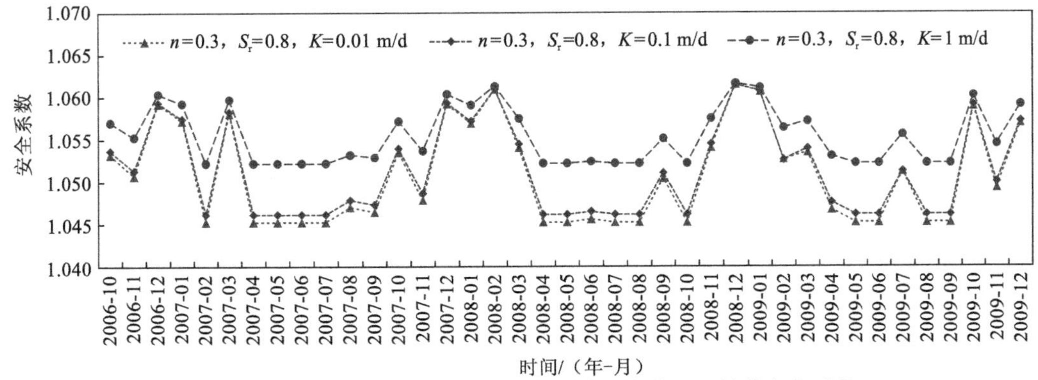

图 9.12　2006 年 10 月～2009 年 12 月降雨条件下滑坡体安全系数（不同渗透系数）

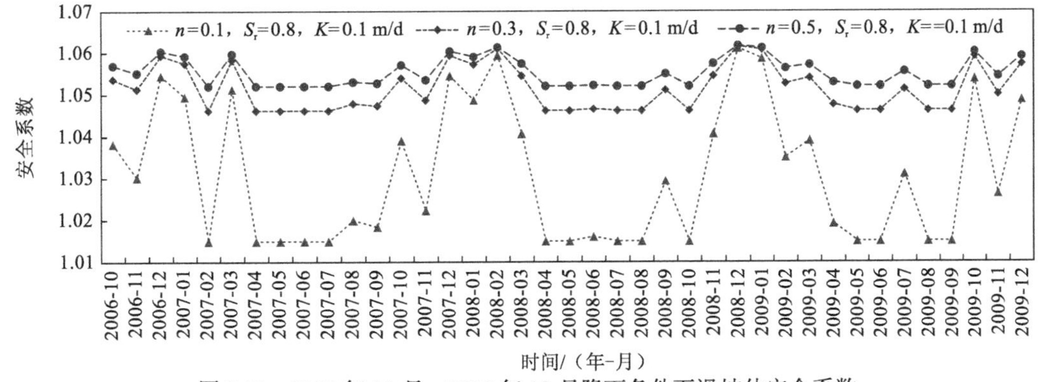

图 9.13　2006 年 10 月～2009 年 12 月降雨条件下滑坡体安全系数（不同孔隙率）

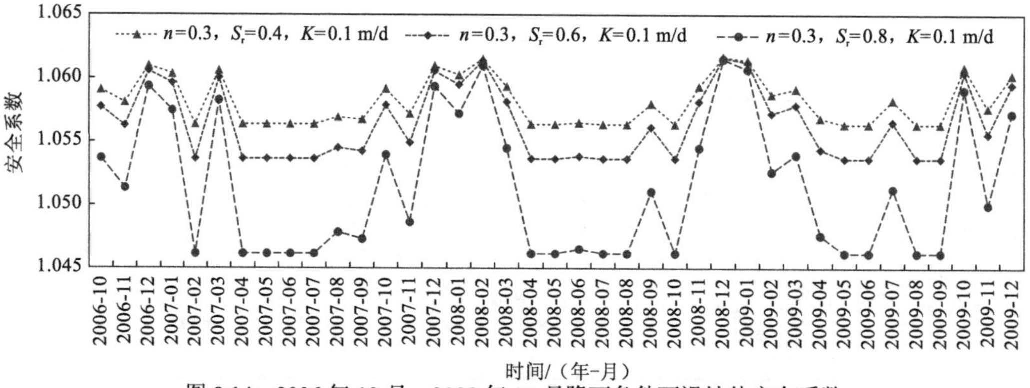

图 9.14　2006 年 10 月～2009 年 12 月降雨条件下滑坡体安全系数（不同饱和度）

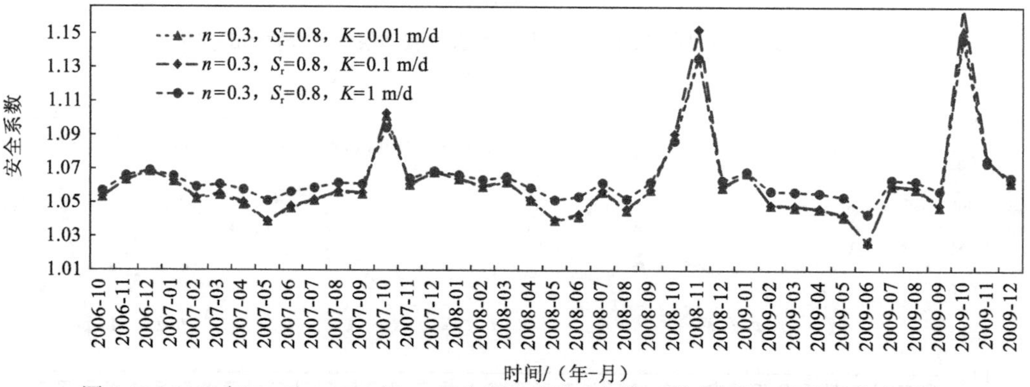

图 9.15　2006 年 10 月～2009 年 12 月水库水位波动与降雨耦合条件下滑坡体安全系数（不同渗透系数）

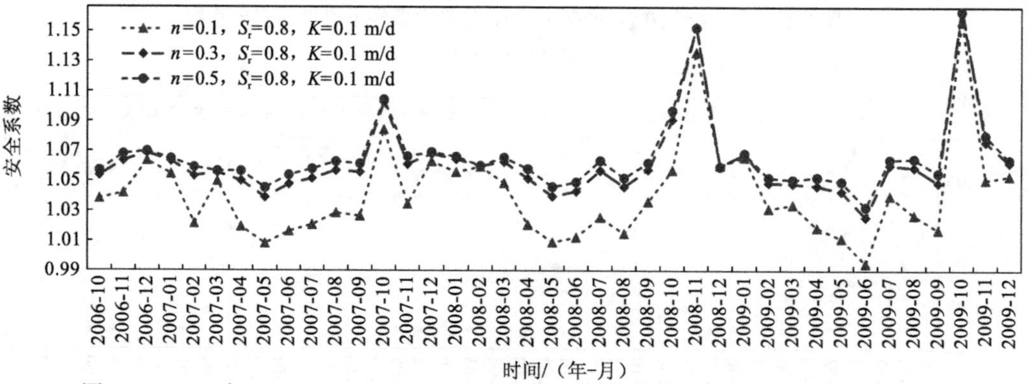

图 9.16　2006 年 10 月～2009 年 12 月水库水位波动与降雨耦合条件下滑坡体安全系数（不同孔隙率）

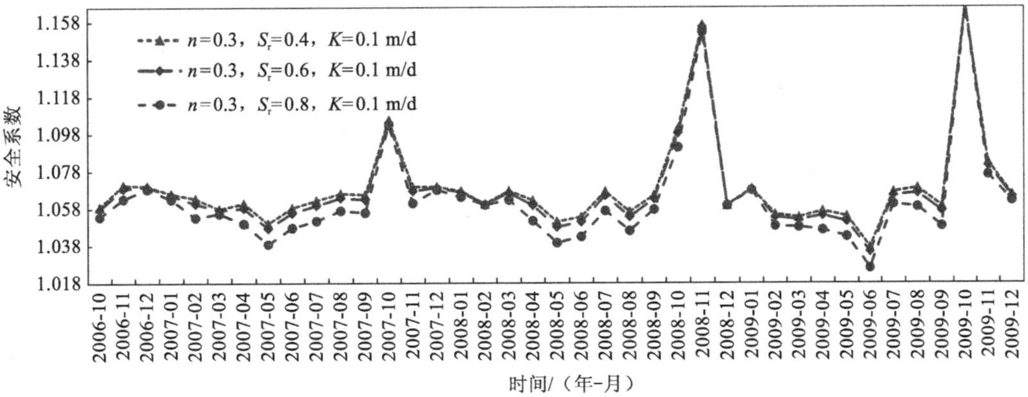

图 9.17　2006 年 10 月～2009 年 12 月水库水位波动与降雨耦合条件下滑坡体安全系数（不同饱和度）

不考虑降雨条件下，滑坡体的安全系数随着库水位的变化而变化，如图 9.10 所示：库水位上升，安全系数升高；库水位下降，安全系数则降低。造成前者的原因是，库水位上升，坡脚的压力增加，坡面水压力增加，动水压力方向指向坡体内部，这些都是提高边坡稳定性的因素。造成后者的原因是，库水位下降，坡脚压力减小，坡面水压力减小，动水压力方向指向坡外，形成拖拽力，这些是不利于边坡稳定的因素。如图 9.10 所示，渗透系数 K 分别取 0.01 m/d、0.1 m/d 和 1 m/d，其他参数不变的情况下，该滑坡体在首次蓄水期间的安全系数变化不大。而孔隙率 n 分别取 0.1、0.3 和 0.5，其他参数不变的情况下，所得到的安全系数几乎相同，如图 9.11 所示。在不考虑降雨的条件下，该滑坡的安全系数整体较高，渗透系数和孔隙率在正常参数取值范围内的不同取值，对整体安全系数影响不大。

图 9.12～图 9.14 是只考虑降雨的计算结果，只考虑降雨的安全系数明显比只考虑库水位变化的结果低。安全系数随着每月降雨量的变化而变化，从趋势上看，降雨量越大，该安全系数越低，反之则较高。这是因为降雨量的增加会造成坡体内的浸润线升高，进而提高了动水压力，因此安全系数降低。如图 9.12 所示，渗透系数 K 分别取 0.01 m/d、0.1 m/d 和 1 m/d，其他参数不变的情况下，该滑坡体在首次蓄水期间的安全系数变化趋势一致，但随着 K 值的提高安全系数升高。这是由于 K 值越高，浸润线以上土体的渗透性越好，土体中渗透的雨水越不易于停留而形成动水压力，如式（9.9）或式（9.10），所提高的浸润线幅度也越低，所增加的动水压力也越小，而安全系数会较高。但不同的渗透系数，相同状态的安全系数在数值上差别不大。如图 9.13 所示，孔隙率 n 分别取 0.1、0.3 和 0.5，其他参数不变的情况下，该滑坡体在首次蓄水期间的安全系数变化趋势一致，但随着 n 值的提高安全系数升高。这是由于 n 值越高，浸润线以上土体的渗透性越好，土体中渗透的雨水越不易于停留而形成动水压力，如式（9.9）或式（9.10），所提高的浸润线幅度也越低，所增加的动水压力也越小，而安全系数会较高。如图 9.14 所示，浸润线以上土体的饱和度 S_r 分别取 0.4、0.6 和 0.8，其他参数不变的情况下，卧沙溪滑坡体在首次蓄水期间的安全系数变化趋势一致，但随着 S_r 值的提高安全系数降低。这是由于

S_r 值越高，浸润线以上土体的渗透性越差，土体中渗透的雨水越易于停留而形成动水压力，如式（9.9）或式（9.10），所提高的浸润线幅度也越高，所增加的动水压力也越大，而安全系数会较低。但不同的饱和度，相同状态的安全系数在数值上差别不大。总的来看，浸润线以上土体的孔隙率对降雨条件下的安全系数影响最大，渗透系数和饱和度则对安全系数影响较小。

如图 9.15～图 9.17 所示，为库水位变化和降雨共同作用下该滑坡体在首次蓄水期间的稳定性演化规律。由前面分析可知，库水位下降和降雨量增加会造成边坡安全系数降低，反之，库水位上升和降雨量降低会导致边坡安全系数升高。在库水位变化和降雨共同作用的情况下，若库水位下降的同时降雨量增加，则边坡稳定性降低，如图 9.15～图 9.17 中 2007～2009 年每年的 4～5 月，安全系数呈降低趋势；若库水位上升的同时降雨量减少，则边坡稳定性提高，如图 9.15～图 9.17 中 2007～2009 年每年的 9～11 月，安全系数呈上升趋势。因此，为了防止三峡库区滑坡地质灾害的发生，在雨季应尽量避免库水位的骤降。影响边坡浸润线的三个参数（渗透系数、孔隙率及饱和度）采用不同的数值，对安全系数结果的影响程度，主要可以参照在只有降雨条件或只有库水位变化条件下的影响程度，降雨和库水位变化共同作用下的结果受两者共同影响[207]。

第 10 章　三维整体分析法工程应用

某滑坡体位于某水库扩建工程库首右岸的峡谷进口段，下游边缘距大坝仅 300 余米，是一个典型的古滑坡，如图 10.1 所示。初步探明，滑坡总体积为 1 327×10^4 m^3。下游边界距现坝体 300 m，距水库扩建推荐坝轴线约 590 m，上游边界距现坝体约 1 000 m。滑坡区山顶高程为 650～700 m，河床高程为 220 m，相对高差为 380～480 m，边坡地形较陡峻，冲沟发育。滑坡前缘顺河向宽约 700 m，呈舌状伸入河床，以致河流流向由 270°偏向 300°。滑坡区地形呈台阶状，可见两级台阶，一级台阶高程 300～310 m，宽 50～70 m，长约 350 m，前缘边坡坡角 26°～33°，局部达 45°；二级台阶高程 400～410 m，宽 40～100 m，长约 250 m，前缘山坡坡角 22°～28°；滑坡后缘壁分布高程为 510～700 m，地形坡角 42°～53°，沿后缘壁崩塌现象显著。平面地形图如图 10.2 所示。

图 10.1　滑坡位置图[208]

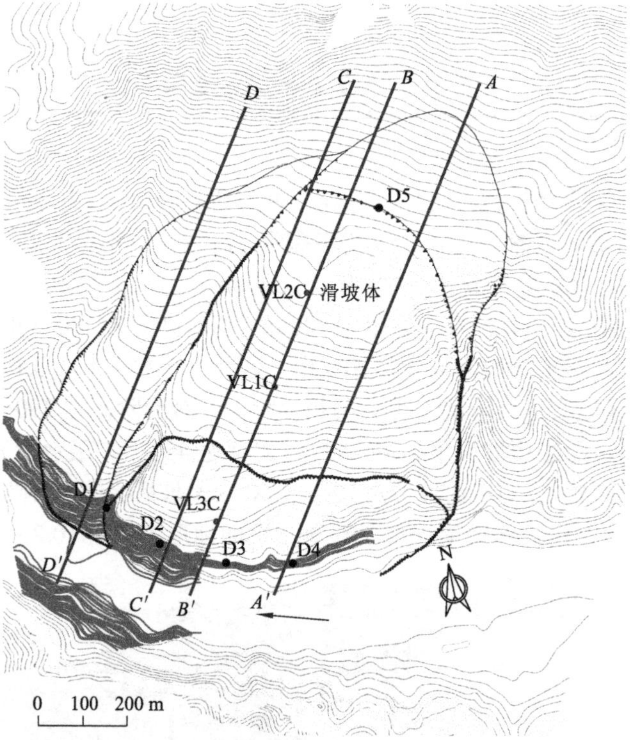

图 10.2　滑坡体表面地形

D1～D5—表面变形的观察堆；VL1C～VL3C—钻孔倾角仪的位置

10.1　滑坡体岩土工程特征

滑坡体平硐中的岩土材料样本如图 10.3 所示。

(a) 滑坡体

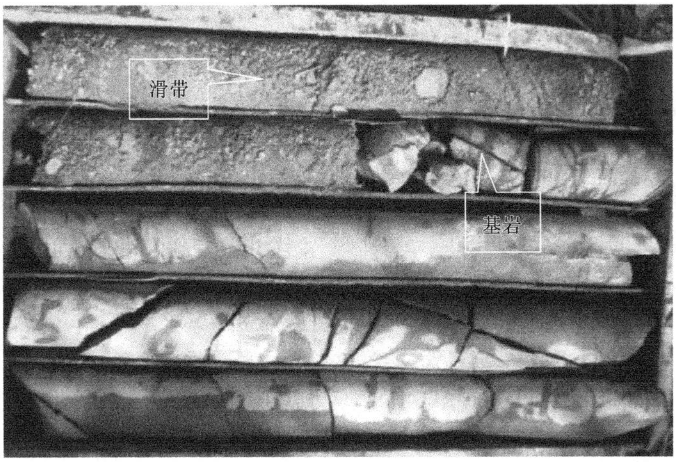

(b) 滑带和基岩

图 10.3　滑坡体平洞中岩土材料样本

滑坡体的岩土材料特征如下。

1. 滑坡体工程特性

（1）良好的透水性。滑坡表部砾质黏土呈弱透水性，而上部散体结构由于松动架空，孔隙较大，为中等-强透水层；下部碎裂结构滑体拉裂架空，充填少，也为中等-强透水层，平硐通过该滑体时，一般无大的滴水现象。

（2）中等压缩性。滑体上部散体结构的原位试验变形模量仅为 3.44～4.03 MPa，三轴压缩模量为 15 MPa，滑体容易压缩变形。

（3）饱和后抗剪强度明显降低。统计表明：滑体原位试验摩擦系数峰值强度在自然状态为 0.52～0.58，饱和状态为 0.47，下降 7%～15%；黏聚力峰值强度在自然状态为 24.2～45.1 kPa，饱和状态为 40 kPa，变化不大。

2. 滑带岩土工程特性

（1）黏土矿物主要为伊利石和伊利石与蒙脱石混层。对滑带的矿物分析表明，伊利石和伊利石与蒙脱石混层含量为 36%～70%，绿泥石和高岭石含量分别为 1%～5%和 1%～4%。

（2）具有亲水性和流变性。由于黏粒含量较高，滑带岩土含有较多的亲水矿物。滑带一旦暴露失去约束，迅速吸水膨胀和崩解，沿滑带发生流变。

（3）具有良好的隔水性。滑带物质较密实（重度为 21.9 kN/m^3），渗透系数较小，它能够阻隔地下水的垂直运动。地下水位一般都高于滑带，表明滑带隔水。

（4）抗剪强度较低。

10.2 边坡稳定性分析方法

10.2.1 滑体的整体平衡方程

设作用在滑体 Ω 的滑面 S 上的法向应力和切向应力分别为 σ 和 τ，则作用在单位法线为 $\boldsymbol{n}$ 的某一典型面元 dS 上的法向力为 σdS，沿阻滑方向 $\boldsymbol{s}$ 的摩阻力为 τdS，所以面元 dS 上的反力为

$$\mathrm{d}\boldsymbol{f}=(\sigma\boldsymbol{n}+\tau\boldsymbol{s})\mathrm{d}S \tag{10.1}$$

这里规定 $\boldsymbol{n}$ 指向滑体内部。反力 d$\boldsymbol{f}$ 关于任意参考点 $\boldsymbol{r}_\mathrm{c}$ 的力矩为

$$\mathrm{d}\boldsymbol{m}_\mathrm{c}=\Delta\boldsymbol{r}_\mathrm{c}\times\mathrm{d}\boldsymbol{f} \tag{10.2a}$$

$$\Delta\boldsymbol{r}_\mathrm{c}=\boldsymbol{r}-\boldsymbol{r}_\mathrm{c} \tag{10.2b}$$

式中：$\boldsymbol{r}$ 为面元 dS 的矢径，如图 10.4 所示。

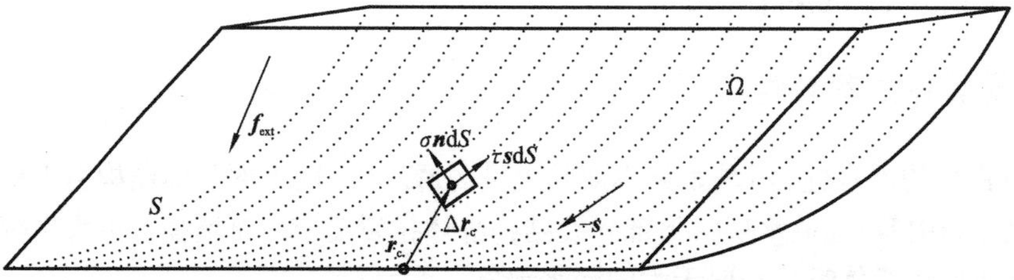

图 10.4 滑动体内/上的力系统的三维示意图

设作用在滑体 Ω 上的主动力矢为 $\boldsymbol{f}_\mathrm{ext}$，包括重力、加固力和地震力等，$\boldsymbol{f}_\mathrm{ext}$ 关于参考点 $\boldsymbol{r}_\mathrm{c}$ 的力矩为 $\boldsymbol{m}_\mathrm{ext}$。整个滑体的三个力平衡条件和三个力矩平衡条件分别为

$$\iint_S \mathrm{d}\boldsymbol{f}+\boldsymbol{f}_\mathrm{ext}=0 \tag{10.3a}$$

$$\iint_S \mathrm{d}\boldsymbol{m}_\mathrm{c}+\boldsymbol{m}_\mathrm{ext}=0 \tag{10.3b}$$

假定滑面满足莫尔-库仑强度准则，则当滑体处于极限平衡状态时，有

$$\tau=\frac{1}{F_\mathrm{s}}[c'+f'(\sigma-u)]=\frac{1}{F_\mathrm{s}}(c_\mathrm{w}+f'\sigma) \tag{10.4a}$$

式中：F_s 为安全系数；c' 和 f' 为抗剪强度参数，进行有效应力分析时为有效应力抗剪强度参数，进行总应力分析时为总应力抗剪强度参数；u 为孔隙水压力，当进行总应力分析时 u=0；对于 c_w 有

$$c_\mathrm{w}=c'-uf' \tag{10.4b}$$

将式（10.1）、式（10.2）和式（10.4a）分别代入式（10.3a）和式（10.3b），并引入三个 6 阶向量

$$\boldsymbol{n}' = \begin{pmatrix} \boldsymbol{n} \\ \Delta \boldsymbol{r}_{\mathrm{c}} \times \boldsymbol{n} \end{pmatrix},\quad \boldsymbol{s}' = \begin{pmatrix} \boldsymbol{s} \\ \Delta \boldsymbol{r}_{\mathrm{c}} \times \boldsymbol{s} \end{pmatrix},\quad \boldsymbol{f}_m = \begin{pmatrix} \boldsymbol{f}_{\mathrm{ext}} \\ \boldsymbol{m}_{\mathrm{ext}} \end{pmatrix} \tag{10.5}$$

可将式（10.3a）和式（10.3b）合并成更紧凑的形式：

$$F_{\mathrm{s}} \boldsymbol{f}_{\mathrm{m}} + \iint_S [\sigma(F_{\mathrm{s}} \boldsymbol{n}' + f\boldsymbol{s}') + c_{\mathrm{w}} \boldsymbol{s}'] \mathrm{d}S = \boldsymbol{0} \tag{10.6}$$

10.2.2　基于 Morgenstern-Price 法的滑面上的正应力

平行于 x 轴和 y 轴截取竖直的微条块，如图 10.5 所示。据此微条块的受力分析知，x 方向受力为

$$\delta \boldsymbol{t}_x = (\delta t_{xx}, \delta t_{xy}, \delta t_{xz})^{\mathrm{T}} \tag{10.7}$$

其中，T 为转置。

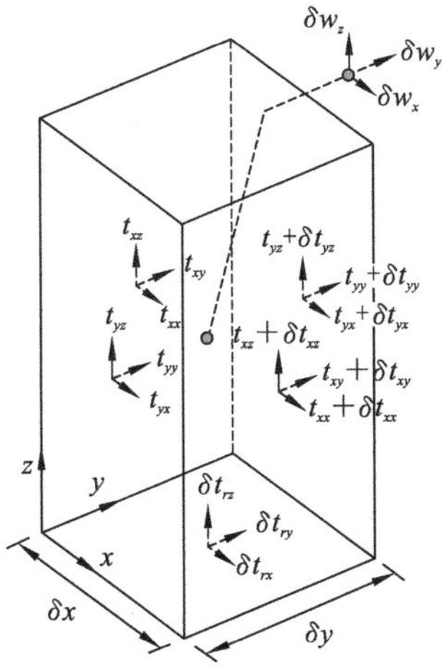

图 10.5　差分条柱受力示意图

δw_x、δw_y、δw_z 为条块重力分量；δt_{rx}、δt_{ry}、δt_{rz} 为条块底滑面受力分量

y 方向受力为

$$\delta \boldsymbol{t}_y = (\delta t_{yx}, \delta t_{yy}, \delta t_{yz})^{\mathrm{T}} \tag{10.8}$$

假设条柱水平方向的剪力为零，即

$$\delta t_{yx} = \delta t_{xy} = 0 \tag{10.9}$$

根据 Morgenstern-Price 假设，剪应力与相应的正应力相关，则有

$$\delta t_{xz} = \lambda_{xz} \delta t_{xx} \tag{10.10}$$

$$\delta t_{yz} = \lambda_{yz} \delta t_{yy} \tag{10.11}$$

将式（10.9）～式（10.11）代入式（10.7），得

$$\delta \boldsymbol{t}_x = \delta t_{xx} (1, 0, \lambda_{xz})^{\mathrm{T}} \tag{10.12}$$

将式（10.9）～式（10.11）代入式（10.8），得

$$\delta \boldsymbol{t}_y = \delta t_{yy}(0, \quad 1, \quad \lambda_{yz})^{\mathrm{T}} \tag{10.13}$$

依据前面的受力分析，z 方向受力为

$$\delta \boldsymbol{t}_r + \delta \boldsymbol{w} = \frac{1}{F_{\mathrm{s}}}\left[\sigma(F_{\mathrm{s}}\boldsymbol{n} + f'\boldsymbol{s}) + c_{\mathrm{w}}\boldsymbol{s}\right]\delta S + \delta \boldsymbol{w} \tag{10.14}$$

在图 10.5 所示的微条块受力状态下，依据力的平衡可得

$$\delta \boldsymbol{t}_x + \delta \boldsymbol{t}_y + \delta \boldsymbol{t}_r + \delta \boldsymbol{w} = \boldsymbol{0} \tag{10.15}$$

将式（10.12）～式（10.14）代入式（10.15），得

$$\begin{pmatrix} 1 \\ 0 \\ \lambda_{xz} \end{pmatrix}\delta t_{xx} + \begin{pmatrix} 0 \\ 1 \\ \lambda_{yz} \end{pmatrix}\delta t_{yy} + \frac{1}{F_{\mathrm{s}}}\left[\sigma(F_{\mathrm{s}}\boldsymbol{n} + f'\boldsymbol{s}) + c_{\mathrm{w}}\boldsymbol{s}\right]\delta S + \delta \boldsymbol{w} = \boldsymbol{0} \tag{10.16}$$

将式（10.16）乘以 F_{s}，除以 δS，得

$$\begin{pmatrix} 1 \\ 0 \\ \lambda_{xz} \end{pmatrix}\frac{F_{\mathrm{s}}\delta t_{xx}}{\delta S} + \begin{pmatrix} 0 \\ 1 \\ \lambda_{yz} \end{pmatrix}\frac{F_{\mathrm{s}}\delta t_{yy}}{\delta S} + \sigma(F_{\mathrm{s}}\boldsymbol{n} + f'\boldsymbol{s}) + c_{\mathrm{w}}\boldsymbol{s} + \frac{F_{\mathrm{s}}\delta \boldsymbol{w}}{\delta S} = \boldsymbol{0} \tag{10.17}$$

当 $(\delta x, \delta y) \to 0$ 时，$\delta S \to 0$。下面引入新的符号：

$$\begin{cases} P_x \equiv \lim\limits_{\delta x, \delta y \to 0} \dfrac{F_{\mathrm{s}}\delta t_{xx}}{\delta S} \\ P_y \equiv \lim\limits_{\delta x, \delta y \to 0} \dfrac{F_{\mathrm{s}}\delta t_{yy}}{\delta S} \\ \boldsymbol{w}' \equiv \lim\limits_{\delta x, \delta y \to 0} \dfrac{\delta \boldsymbol{w}}{\delta S} \end{cases} \tag{10.18}$$

则式（10.17）可以表述为

$$\begin{pmatrix} 1 \\ 0 \\ \lambda_{xz} \end{pmatrix}P_x + \begin{pmatrix} 0 \\ 1 \\ \lambda_{yz} \end{pmatrix}P_y + (F_{\mathrm{s}}\boldsymbol{n} + f'\boldsymbol{s})\sigma + F_{\mathrm{s}}\boldsymbol{w}' + c_{\mathrm{w}}\boldsymbol{s} = \boldsymbol{0} \tag{10.19}$$

因此，式（10.19）可以写成一个线性方程组的矩阵形式：

$$\boldsymbol{A}\boldsymbol{x} = \boldsymbol{b} \tag{10.20}$$

其中，

$$\boldsymbol{A} = \begin{pmatrix} 1 & 0 & F_{\mathrm{s}}n_1 + f's_1 \\ 0 & 1 & F_{\mathrm{s}}n_2 + f's_2 \\ \lambda_{xz} & \lambda_{yz} & F_{\mathrm{s}}n_3 + f's_3 \end{pmatrix} \tag{10.21}$$

$$\boldsymbol{x} = (P_x, \quad P_y, \quad \sigma)^{\mathrm{T}} \tag{10.22}$$

$$\boldsymbol{b} = -(F_{\mathrm{s}}w_1' + c_{\mathrm{w}}s_1, \quad F_{\mathrm{s}}w_2' + c_{\mathrm{w}}s_2, \quad F_{\mathrm{s}}w_3' + c_{\mathrm{w}}s_3)^{\mathrm{T}} \tag{10.23}$$

式中：n_i、s_i、w_i' $(i=1,2,3)$ 分别为向量 $\boldsymbol{n}$、$\boldsymbol{s}$、$\boldsymbol{w}'$ 的分量。

下面推导 $\boldsymbol{w}'$ 的具体表达式。

采用克拉默法则（Cramer's rule）求解方程组（10.20），则基于 Morgenstern-Price 假设的正应力表达式为

$$\sigma_{\text{MP}} = -\frac{(c_{\text{w}}s_3 + w_3F_{\text{s}}) - (c_{\text{w}}s_1 + w_1F_{\text{s}})\lambda_{xz} - \lambda_{yz}(c_{\text{w}}s_2 + w_2F_{\text{s}})}{(F_{\text{s}}n_3 + f's_3) - (F_{\text{s}}n_1 + f's_1)\lambda_{xz} - \lambda_{yz}(F_{\text{s}}n_2 + f's_2)} \tag{10.24}$$

假设条柱的体力只受重力作用：

$$\delta\boldsymbol{w} = (0, 0, -w_g)^{\text{T}} = (0, 0, -n_3\sigma_\gamma\delta S)^{\text{T}} \tag{10.25}$$

式中：n_3 为条块底部滑面法向在竖直方向的分量；σ_γ 为条块重度在竖直方向上的积分，

$$\sigma_\gamma = \int_l \gamma \text{d}z \tag{10.26}$$

因此，$\boldsymbol{w}'$ 可表达为

$$\boldsymbol{w}' \equiv \lim_{\delta x,\delta y\to 0}\frac{\delta\boldsymbol{w}}{\delta S} = (0, 0, -n_3\sigma_\gamma)^{\text{T}} \equiv (w_1, w_2, w_3)^{\text{T}} \tag{10.27}$$

10.2.3　滑面上的正应力修正和平衡方程求解

10.2.2 小节求得的滑面上的正应力 σ_{MP} 是基于 Morgenstern-Price 假设，虽然是滑面上正应力的主要部分，但是还有可能存在误差，当如图 10.5 所示的微块体与坐标轴不平行时所计算的 σ_{MP} 会有偏差。

滑面法向应力的分布形式提示可以用如下方式来逼近滑面法向应力：

$$\sigma = \sigma_{\text{MP}} + f(x, y; \boldsymbol{a}) \tag{10.28}$$

式中：$f(x, y; \boldsymbol{a})$ 为一个含待定的三阶向量 $\boldsymbol{a}$、关于水平坐标（x，y）的函数。

引入三个参变量是考虑到式（10.6）中的 6 个分量平衡方程最多只能解出 6 个未知量。

本章用三角形线性插值来构造 $f(x, y; \boldsymbol{a})$。解释如下：设滑体 Ω 在水平坐标面 xOy 的投影区域为 Ω_{xy}，用如图 10.6 所示的椭圆来表示。现在用一个三角形 T_{m} 来覆盖 Ω_{xy}，T_{m} 的三个节点的插值函数 $l_i(x, y)$ $(i=1,2,3)$ 可像有限元那样借助于 T_{m} 这个三角形的面积坐标来形成，如此可将 $f(x, y; \boldsymbol{a})$ 表示成

$$f(x, y; \boldsymbol{a}) = \boldsymbol{l}^{\text{T}}\boldsymbol{a} \tag{10.29}$$

式中：$\boldsymbol{l} = \{l_1,\ l_2,\ l_3\}^{\text{T}}$，满足归一化条件

$$\sum_{i=1}^{3} l_i = 1 \tag{10.30}$$

从而可得

$$\sigma = \sigma_{\text{MP}} + \boldsymbol{l}^{\text{T}}\boldsymbol{a} \tag{10.31}$$

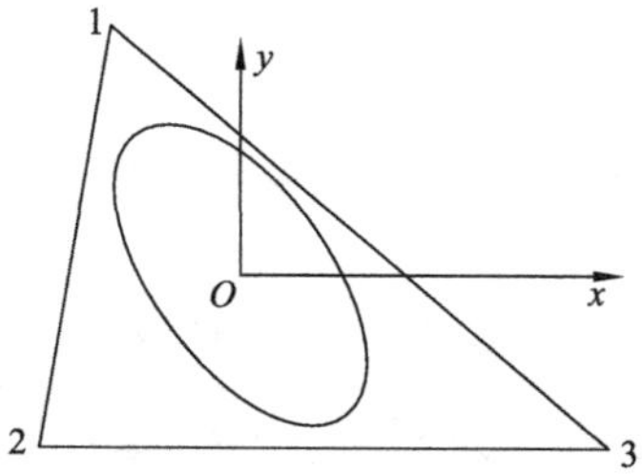

图 10.6　用于在滑动面上插入法向应力的三角形

将式（10.28）代入平衡方程组（10.6），可得到新的平衡方程组表达式：

$$\boldsymbol{m}(\boldsymbol{\lambda}) = F_{\mathrm{s}}\boldsymbol{f}_m + \iint_S [\sigma(F_{\mathrm{s}}\boldsymbol{n}' + \boldsymbol{f}\boldsymbol{s}') + c_{\mathrm{w}}\boldsymbol{s}']\mathrm{d}S \tag{10.32}$$

其中，未知变量 $\lambda \in \mathbf{R}^6$，它的分量分别为 $\lambda^1 \equiv F_{\mathrm{s}}$，$\lambda^2 \equiv \lambda_{xz}$，$\lambda^3 \equiv \lambda_{yz}$，$\lambda^4 \equiv a_1$，$\lambda^5 \equiv a_2$，$\lambda^6 \equiv a_3$。向量值函数 $\boldsymbol{m}(\boldsymbol{\lambda})$ 为不平衡力和力矩的值。

方程组（10.32）的求解可以采用类牛顿法，该方法需要求其雅可比（Jacobian）矩阵，用 $\boldsymbol{M}$ 表示的话，则有

$$\boldsymbol{M} \equiv \frac{\partial \boldsymbol{m}}{\partial \boldsymbol{\lambda}} = (\boldsymbol{m}_1, \cdots, \boldsymbol{m}_6) \tag{10.33}$$

$$\boldsymbol{m}_1 \equiv \frac{\partial \boldsymbol{m}}{\partial F} = \boldsymbol{f}_m + \iint_S \left[\frac{\partial \sigma}{\partial F}(F_{\mathrm{s}}\boldsymbol{n}' + f\boldsymbol{s}') + \sigma \boldsymbol{n}' \right] \mathrm{d}S \tag{10.34}$$

$$\boldsymbol{m}_i \equiv \frac{\partial \boldsymbol{m}}{\partial \lambda^i} = \iint_S \left[\frac{\partial \sigma}{\partial \lambda^i}(F_{\mathrm{s}}\boldsymbol{n}' + f\boldsymbol{s}') \right] \mathrm{d}S, i = 2, \cdots, 6 \tag{10.35}$$

其中，σ 各个分量的梯度可分别求出。

10.3　稳定性分析模型和结果

根据现场钻孔勘察，滑面的空间分布及其构造特征为：滑面的空间分布整体上呈簸箕形，在横向上为两侧高，中间低；在纵向上，前缘最低点低于河床，前后切层，中间段顺层，倾角为 20°～22°，后缘拉裂呈阶梯状，倾角大于 22°。根据其主滑方向，滑坡体的 4 个典型剖面图如图 10.7 所示。据室内试验和现场勘察，滑带土的黏土矿物主要为伊利石和伊利石与蒙脱石混层，具有亲水性、流变性和隔水性，抗剪强度较低。滑带及滑体物理力学参数见表 10.1。

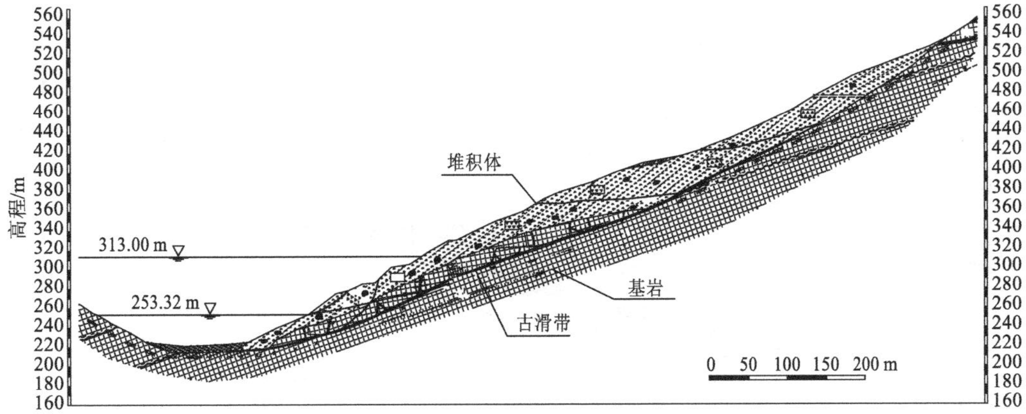

（a）截面$A\text{-}A'$

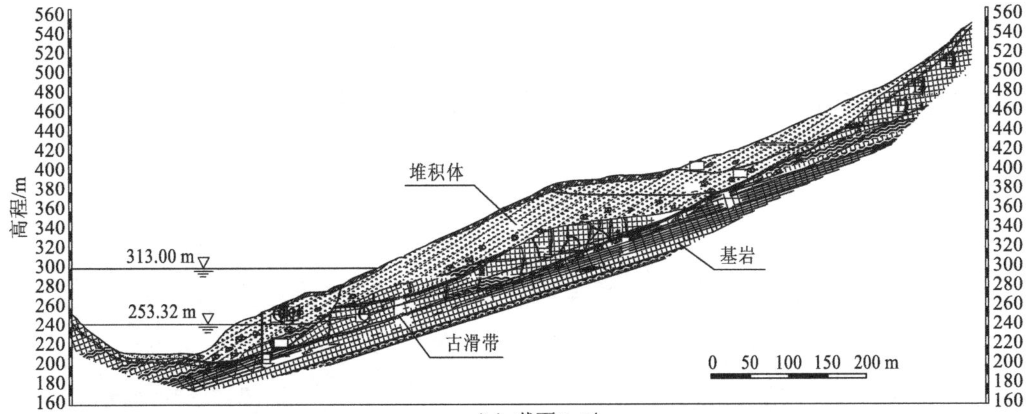

（b）截面$B\text{-}B'$

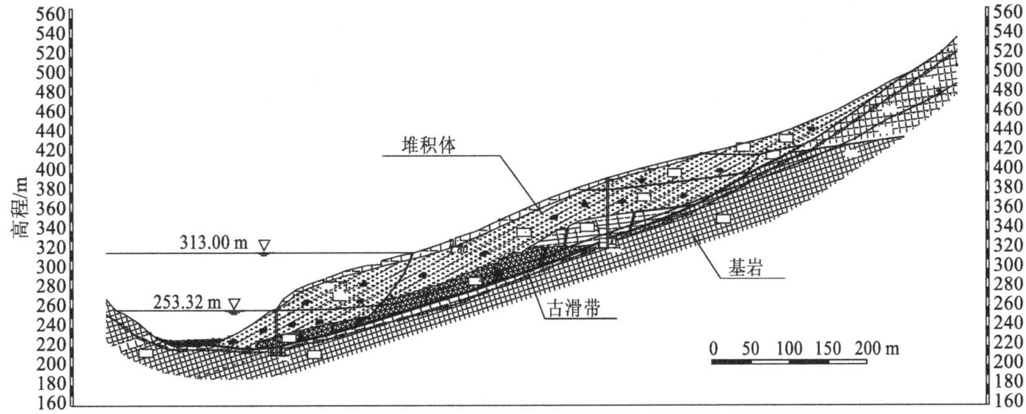

（c）截面$C\text{-}C'$

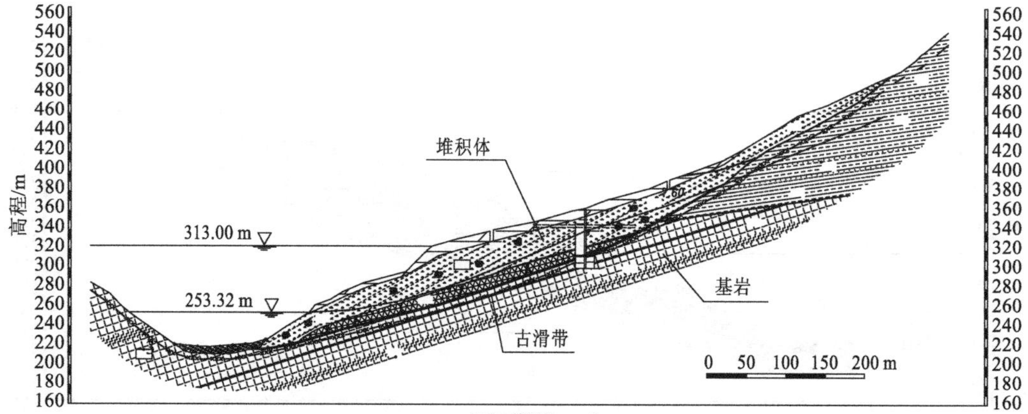

（d）截面D-D′

图 10.7　滑坡体剖面图

计算模型和滑坡体表面三角网格如图 10.8 所示，网格数为 4 570。滑动方向采用 *B-B′* 剖面的剪出口方向。地下水的计算利用文献[209]的方法进行。

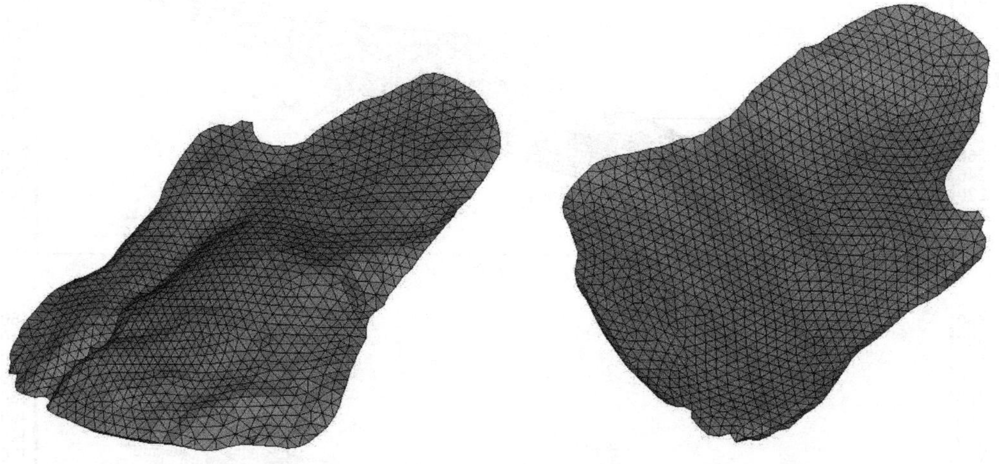

（a）从坡面　　（b）从滑面

图 10.8　滑坡体三角网格

利用该模型计算了两种不同的情况。

（1）水库蓄水过程：从库水位高程 253.32 m 开始至库水位高程 313.00 m，每 6 m 计算其安全系数，如图 10.9 所示。库水位升高后，虽然滑面的水下部分增多，滑面的强度参数降低，此因素易导致失稳，但是库水对坡体表面的水压力增加，此因素有利于抗滑。综合作用下，该滑坡体蓄水后安全系数略有提高。例如，D2 情况下，蓄水前安全系数为 1.256，蓄水后为 1.321。其他滑动方向结果大致一样。但从图 10.9 可以看出，在蓄水至 280 m 之前，安全系数的增速较快，而水位至 280 m 之后，安全系数增速明显缓慢。也就是说，在水位为 280～313 m 时，整个滑坡体导致失稳和利于抗滑作用的两个因素基本平衡。库水位再升高的话，安全系数或许会降低。

（2）搜索最危险滑动方向：从图 10.2 所示剖面图方向，滑动方向沿着底滑面指向河床，向上下游每间隔 10°计算一个方向，共 5 个方向，即图 10.9 中的 Direction-1 为偏向下游 20°，Direction-2 为偏向下游 10°，Direction-3 为偏向下游 0°，Direction-4 为偏向上游 10°，Direction-5 为偏向上游 20°，计算结果见图 10.9。从计算结果看，沿地质剖面向下游方向偏 10°，所得的各水位下的安全系数最小，即为主滑方向。结合 10.1 节雾江滑坡的变形特征，所得主滑方向与主要变形方向基本一致。

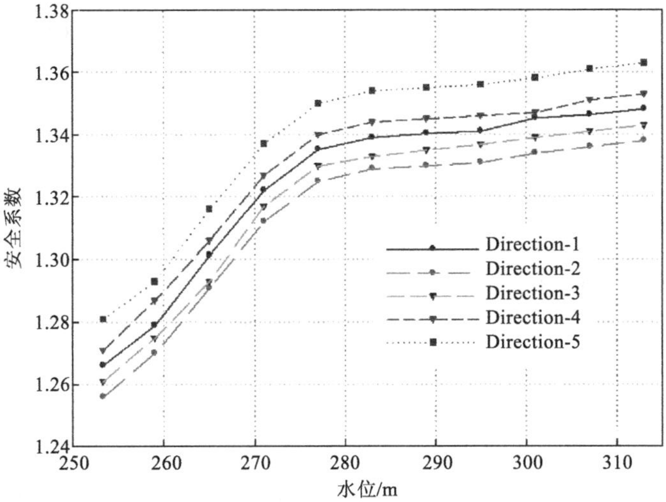

图 10.9　各种水位和方向的安全系数

总体来看，对于一个离坝体较近的滑坡体来说，安全系数仍然偏低。因此，在坝体施工及水库运行期间应对该滑坡体加强监测[208]。

参 考 文 献

[1] 中国地质环境信息网.全国地质灾害通报（2008 年 1-12 月）[EB/OL].（2009-05-21）[2019-01-01]. http：//www.cigem.gov.cn/auto/db/detail.aspx?db=1006&rid=12496.

[2] 陈祖煜.土质边坡稳定分析[M]. 北京：中国水利水电出版社，2003.

[3] JANBU N. Slope stability computations[C]// HIRSHCHFIELD R C，POULOS S J.Embankment-dam engineering. New York：John Wiley&Sons，1973：47-86.

[4] JANBU N. Application of composite slip surface for stability analysis[C]// European conference on stability of earth slopes. Stockholm：[s.n.]，1954：43-49.

[5] BISHOP A W. The use of the slip circle in the stability analysis of slopes[J]. Géotechnique，1955，5（1）：7-17.

[6] LOWE J，KARAFIATH L. Stability of earth dams upon drawdown[C]// Proceedings of the 1st Pan-American conference on soil mechanics and foundation engineering. Mexico City：Sociedad Mexicana de suelos，1960：537-552.

[7] USACE. Stability of slopes and foundations，engineering manual[R]. Vicksburg，Mississipi：U. S. Army Corps of Engineers，1967.

[8] MORGENSTERN N R，PRICE V E. The analysis of the stability of general slip surfaces[J]. Géotechnique，1965，15（1）：79-93.

[9] SPENCER E. A method of analysis of the stability of embankments assuming parallel inter-slice forces[J]. Géotechnique，1967，17（1）：11-26.

[10] SPENCER E. Thrust line criterion in embankment stability analysis[J]. Géotechnique，1973，23（1）：85-100.

[11] SARMA S K. Stability analysis of embankments and slopes[J]. Géotechnique，1973，23（3）：423-433.

[12] SARMA S K. Stability analysis of embankments and slopes[J]. Journal of the geotechnical engineering division，ASCE，1979，105（12）：1511-1524.

[13] 中华人民共和国建设部. 建筑边坡工程技术规范： GB 50330—2013[S]. 北京：中国建筑工业出版社，2013.

[14] 中华人民共和国行业标准编写组. 铁路路基支挡结构设计规范：TB 10025—2001[S].北京：中国铁道出版社，2001.

[15] 刘艳章. 边坡与坝基抗滑稳定的矢量和分析法研究[D]. 武汉：中国科学院武汉岩土力学研究所，2007.

[16] CHEN Z，MORGENSTERN N. R. Extensions to the generalized method of slices for stability analysis[J]. Canadian geotechnical journal，1983，20（1）：104-119.

[17] 杨明成，郑颖人. 基于严格平衡的安全系数统一求解格式[J]. 岩土力学，2005，25（10）：1565-1568.

[18] 郑颖人，杨明成. 边坡稳定安全系数求解格式的分类统一[J]. 岩石力学与工程学报，2004，23（16）：2836-2841.

[19] 朱大勇，李焯芬，黄茂松. 对 3 种著名边坡稳定性计算方法的改进[J]. 岩石力学与工程学报，2005，24（2）：183-194.

[20] ZHU D Y，LEE C F，QIAN Q H，et al. A new procedure for computing the factor of safety using Morgenstern-Price method[J]. Canadian geotechnical journal，2001，38（4）：882-888.

[21] ZHU D Y，LEE C F，QIAN Q H，et al. A concise algorithm for computing the factor of safety using the Morgenstern-Price method[J]. Canadian geotechnical journal，2005，42（1）：272-278.

[22] ZHU D Y，LEE C F，JIANG H D. Generalized framework of limit equilibrium methods for slope stability analysis[J]. Géotechnique，2003，53（4）：377-395.

[23] 朱大勇，李焯芬，姜弘道，等. 基于滑面正应力修正的边坡安全系数解答[J]. 岩石力学与工程学报，2004，23（16）：2788-2791.

[24] 戴自航，沈蒲生. 土坡稳定分析普遍极限平衡法的数值解研究[J]. 岩土工程学报，2002，24（3）：327-331.

[25] ZHENG H，THAM L G. Improved Bell's method for the stability analysis of slopes[J]. International journal for numerical and analytical methods in geomechanics，2009，33：1673-1689.

[26] CHENG Y M，LI L，CHI S. Particle swarm optimization algorithm for the location of the critical non-circular failure surface in two-dimensional slope stability analysis[J]. Computers and geotechnics，2007，34：92-103.

[27] 朱大勇，卢坤林，台佳佳，等.基于数值应力场的极限平衡法及其工程应用[J]. 岩石力学与工程学报，2009，28（10）：1969-1975.

[28] 葛修润. 岩石疲劳破坏的变形控制律、岩土力学试验的实时 X 射线 CT 扫描和边坡坝基抗滑稳定分析的新方法[J]. 岩土工程学报，2008，30（1）：1-18.

[29] CHEN W F. Limit analysis and soil plasticity[M]. Amsterdam：Elsevier Scientific Pub. Co，1975.

[30] 沈珠江. 理论土力学[M]. 北京：中国水利水电出版社，2000.

[31] 郑颖人，龚晓南. 岩土塑性理论[M]. 北京：中国建筑工业出版社，1989.

[32] 陈祖煜. 土力学经典问题的极限分析上、下限解[J]. 岩土工程学报，2002，24（1）：1-11.

[33] YU H S，SALGADO R，SLOAN S W，et al. Limit analysis versus limit equilibrium for slope stability[J]. Journal of geotechnical and geoenvironmental engineering，ASCE. 1998，124（1）：1-11.

[34] SLOAN S W. Lower bound limit analysis using finite elements and linear programming[J]. International journal for numerical and analytical methods in geomechanics，1988，12：61-67.

[35] SLOAN S W. Upper bound limit analysis using finite elements and linear programming[J]. International journal for numerical and analytical methods in geomechanics，1989，13：263-282.

[36] LYANMIN A V，SLOAN S W. A comparison of linear and nonlinear programming formulations for lower bound limit analysis[C]// Proceedings 6th international symposium on numerical models in geomechanics（NUMOG 6）. Rotterdam：Balkema A.A，1997：367-373.

[37] CLOUGH R W，WOODWARD R J. Analysis of embankment stresses and deformation[J]. Journal of soil

mechanics and foundations division，ASCE，1967，93（4）：529-549.

[38] ZIENKIEWICZ O C，HUMPHESON C，LEWIS R W. Associated and non-associated visco-plasticity and plasticity in soil mechanics[J]. Géotechnique，1975,25（4）：671-689.

[39] NAYLOR D J. Finite elements and slope stability[M]. Numerical methods in geomechanics. Dordrecht：Springer，1982：229-244.

[40] DONALD I B，GIAM S K. Application of the nodal displacement method to slope stability analysis[C]// Proceedings of the 5th Australia-New Zealand conference on geomechanics. [S.l.][s.n.]，1988：456-460.

[41] MATSUI T，SAN K C. Finite element slope stability analysis by shear strength reduction technique[J]. Soils and foundations，1992，32（1）：59-70.

[42] UGAI K. A method of calculation of total factor of safety of slopes by elastoplastic FEM[J]. Soils and foundations，1989，29（2）：190-195.

[43] DAWSON E M，ROTH W H，DRESCHER A. Slope stability analysis by strength reduction[J]. Géotechnique，1999，49（6）：835-840.

[44] GRIFFITHS D V，LANE P A. Slope stability analysis by finite elements[J]. Géotechnique，1999，49（3）：387-403.

[45] DUNCAN J M. State of the art：limit equilibrium and finite-element analysis of slopes[J]. Journal of geotechnical and geoenvironmental engineering，ASCE，1996，122（7）：577-596.

[46] 宋二祥. 土工结构安全系数的有限元计算[J]. 岩土工程学报，1997，19（1）：1-7.

[47] 史恒通，王成华. 土坡有限元稳定分析若干问题的探讨[J]. 岩土力学，2000，21（2）：152-155.

[48] 潘亨永，何江达，张林. 强度储备法在岩质高边坡稳定性分析中的应用[J]. 四川联合大学学报（工程科学版），1998，2（1）：1-8.

[49] 张孟喜，陈炽昭. 土坡稳定分析的有限元追踪法[J]. 岩土工程学报，1991，12（6）：35-41.

[50] 邵龙潭，唐洪祥，韩国城. 有限元边坡稳定分析方法及其应用[J]. 计算力学学报，2001，18（1）：81-87.

[51] 郑宏，李春光，葛修润，等. 求解安全系数的有限元法[J]. 岩土工程学报，2002，24（5）：626-628.

[52] 郑颖人，尚毅，张鲁渝. 有限元强度折减法进行边坡稳定分析[J]. 中国工程科学，2002，4（1）：57-78.

[53] ABRAMSON L W，LEE T S，SHARMA S，et al. Slope stability and stabilization methods[M]. Chichester：John Wiley & Sons，1995.

[54] JEREMIC B. Finite element methods for 3D slope stability analysis[C]// Griffiths D V.Slope stability 2000- proceedings of sessions of geo-denver 2000. [S.l.][s.n.]，2000：224-239.

[55] 栾茂田，武亚军，年廷凯. 强度折减有限元法中边坡失稳的塑性区判据及其应用[J]. 防灾减灾工程学报，2003，3：1-8.

[56] ZHENG H，LIU D F，LI C G. Slope stability analysis based on elasto-plastic finite element method[J]. International journal for numerical methods in engineering，2005，64（14）：1871-1888.

[57] 郑宏，田斌，刘德富. 关于有限元边坡稳定性分析中安全系数的定义问题[J]. 岩石力学与工程学报，2005，24（13）：2225-2230.

[58] 许建聪，尚岳全，陈侃福. 顺层滑坡弹塑性接触有限元稳定性分析[J]. 岩石力学与工程学报，2005，24（13）：2231-2236.

[59] 郑建辉，张嘉翔，闵弘，等. 基于强度折减概念的滑坡稳定性三维分析方法（II）：加固安全系数计算[J]. 岩土力学，2004，25（6）：871-875.

[60] 张培文，陈祖煜. 剪涨角对求解边坡安全系数的影响[J]. 岩土力学，2004，25（11）：1757-1760.

[61] 郑宏，冯强，罗先启，等. 石榴树包滑坡机制的有限元分析[J]. 岩石力学与工程学报，2004，23（10）：1648-1653.

[62] ZHENG H，LIU D F，LI C G. On the assessment of failure in slope stability analysis by the finite element method[J]. Rock mechanics and rock engineering，2007，40（3）：629.

[63] 马建勋，赖志生，蔡庆娥，等. 基于强度折减法的边坡稳定性三维有限元分析[J]. 岩石力学与工程学报，2004，23（16）：2690-2693.

[64] ZHENG H，THAM L G，LIU D F. On two definitions of the factor of safety commonly used in finite element slope stability analysis[J]. Computers and geotechnics，2006，33：188-195.

[65] ZOU J Z，WILLIAMS D J. Search for critical slip surface based on finite element method[J]. Canadian geotechnical journal，1995，32（1）：233-246.

[66] 王成华，夏绪勇，李广信. 基于应力场的土坡临界滑动面的蚂蚁算法搜索技术[J]. 岩石力学与工程学报，2003，22（5）：813-819.

[67] 张季如. 边坡开挖的有限元模拟和稳定性评价[J]. 岩石力学与工程学报，2002，21（6）：843-847.

[68] 邵国建，卓家寿，章青. 岩体稳定性分析与评判准则研究[J]. 岩石力学与工程学报，2003，22（5）：691-696.

[69] 刘红帅，薄景山，耿冬青. 岩质边坡稳定性有限元分析[J]. 岩土力学，2004，25（11）：1786-1790.

[70] LECHMAN J B，GRIFFITHS D V. Analysis of the progression of failure of earth slopes by finite elements[C]// GRIFFITHS D V.Slope stability 2000－proceedings of sessions of geo-denver 2000. [S.l.][s.n.]，2000：250-265.

[71] 谭文辉，王家臣，周汝弟. 岩体边坡渐进破坏的物理模拟和数值模拟研究[J]. 中国矿业，2000，9（5）：56-58.

[72] 张均锋，丁桦，徐永君. 一类含裂隙岩质边坡的滑动弱化逐步破坏机理[J]. 岩石力学与工程学报，2004，23（21）：3679-3683.

[73] 刘爱华，王思敬. 平面坡体渐进破坏模型及其应用[J]. 工程地质学报，1994，2（1）：1-8.

[74] 程东幸，刘大安，丁恩保. 反倾岩质边坡变形特征的三维数值模拟研究：以龙滩水电站工程边坡为例进行三维变形特征分析[J]. 工程地质学报，2005，13（2）：222-226.

[75] 徐则民，黄润秋，杨立中. 斜坡水－岩化学作用问题[J]. 岩石力学与工程学报，2004，23（16）：2778-2787.

[76] 贺可强，白建业，王思敬. 降雨诱发型堆积层滑坡的位移动力学特征分析[J]. 岩土力学，2005，26（5）：705-709.

[77] 祁生文，伍法权，孙进忠. 边坡动力响应规律研究[J]. 中国科学：E 辑，2003，33（12）：28-40.

[78] 徐卫亚，蒋中明，石安池. 基于模糊集理论的边坡稳定性分析[J]. 岩土工程学报，2004，25（4）：

409-413.
[79] 罗文强，王亮清，龚珏. 正态分布下边坡稳定性二元指标体系研究[J]. 岩石力学与工程学报，2005，24（13）：2288-2292.
[80] 傅旭东，茜平一，刘祖德. 边坡稳定可靠性的随机有限元分析[J]. 岩土力学，2001，22（4）：413-418.
[81] 黄润秋. 边坡治理工程的数值模拟研究[J]. 地质灾害与环境保护，1996，7（1）：69-76.
[82] 栾茂田，黎勇，杨庆. 非连续变形计算力学模型在岩体边坡稳定分析中的应用[J]. 岩石力学与工程学报，2000，19（3）：289-294.
[83] 李宁，崔政权，段庆伟. 节理化块体边坡失稳机理数值分析[J]. 岩土力学，1997，18（3）：53-59.
[84] 吴益平，唐辉明，葛修润. BP 模型在区域滑坡灾害风险预测中的应用[J]. 岩土力学，2005，26（9）：1409-1413.
[85] 尚岳全，孙红月，巴金福. 滑坡动态变形过程的综合研究方法[J]. 自然灾害学报，2001，10（4）：84-87.
[86] 李秀珍，许强. 滑坡预报模型和预报判据[J]. 灾害学，2003，18（4）：71-78.
[87] 杨志法，刘英，董万里，等. 可用于边坡工程的三种反演方法[J]. 中国地质灾害与防治学报，1996，7：31-37.
[88] JOHNSON C. Existence thermos for plasticity problems[J]. Journal de mathématiques pures et appliquées，1976，55：431-444.
[89] STARK T D，EID H T. Performance of three-dimensional slope stability methods in practice[J]. Journal of geotechnical and geoenvironmental engineering，1998，124（11）：1049-1060.
[90] ZHENG H. Eigenvalue problem from the stability analysis of slopes[J]. Journal of geotechnical and geoenvironmental engineering，2009，135（5）：647-656.
[91] TOUFIGH M M，AHANGARASR A R，OURIA A. Using non-linear programming techniques in determination of the most probable slip surface in 3D slopes[J]. World academy of science：engineering and technology，2008，2（8）：98-103.
[92] FARZANEH O，ASKARI F. Three-dimensional analysis of nonhomogeneous slopes[J]. Journal of geotechnical and geoenvironmental engineering ，2003，129（2）：137-145.
[93] 朱大勇，钱七虎. 三维边坡严格与准严格极限平衡解答及工程应用[J]. 岩石力学与工程学报，2007，26（8）：1513-1528.
[94] CHEN W F，GIGER M W. Limit analysis of stability of slopes[J]. Journal of the soil mechanics and foundations division ，ASCE，1971，97（1）：19-26.
[95] WRIGHT S G，KULHAWY F G，DUNCAN J M. Accuracy of equilibrium slope stability analysis[J]. Journal of the soil mechanics and foundations division，ASCE，1973，99（10）：783-791.
[96] CHEN W F，SNTBHAN N. On slip surface and slope stability of analysis[J]. Soils and foundations，1975，15（3）：41-49.
[97] HUANG Y H，AVERY C M. Stability of slopes by logarithmic spiral method[J]. Journal of the geotechnical engineering division，ASCE，1976，102（1）：41-49.
[98] FREDLUND D G，KRAHN J. Comparison of slope stability methods of analysis[J]. Canadian

geotechnical journal，1977，14（3）：429-439.

[99] GARBER M，BAKER R. Extreme value problems of limiting equilibrium[J]. Journal of the geotechnical engineering division，ASCE，1979，105（1）：1155-1171.

[100] LESHCHINSKY D. Slope stability analysis：generalized approach[J]. Journal of the geotechnical engineering division，ASCE，1990，116（5）：851-867.

[101] LESHCHINSKY D，GUANG C. Generalized three dimensional slope stability analysis[J]. Journal of the geotechnical engineering division，ASCE，1992，118（11）：1748-1764.

[102] CRISFIELD M A. Non-linear finite element analysis of solids and structures[M]. New York：John Wiley & Sons，1991.

[103] ZHENG H，LIU D F. Displacement-controlled method and its applications to material non-linearity[J]. International journal for numerical and analytical methods in engineering，2005，29（3）：209-226.

[104] 连镇营，韩国城，孔宪京. 强度折减有限元法研究开挖边坡的稳定性[J]. 岩土工程学报，2001，23（4）：406-411.

[105] BOUTROP E，LOVELL C W. Search technique in slope stability analysis[J]. Engineering geology，1980，16（1）：51-61.

[106] BAKER R. Determination of critical slip surface in slope stability computations[J]. International journal for numerical and analytical methods in engineering，1980，4：333-359.

[107] CELESTINO T B，DUNCAN J M. Simplified search for non-circular slip surface[C]// Proceedings of the 10th international conference on soil mechanics and foundation engineering. Rotterdam：Balkema A. A.，1981，3：391-394.

[108] LI K S，WHITE W. Rapid evaluation of the critical surface in slope stability problems[J]. International journal for numerical and analytical methods in engineering，1987，11（5）：349-473.

[109] ARAI K，TAGUO K. Determination of non-circular slip surface giving the minimum factor of safety in slope stability analysis[J]. Soils and foundations，1985，25（1）：43-51.

[110] NGUYEN V U. Determination of critical slop failure surface[J]. Journal of geotechnical engineering，ASCE，1985，111（2）：238-250.

[111] BAKER R，GARBER M. Variational approach to slope stability[C]// Proceedings of the 9th international conference on soil mechanics and foundation engineering. Japan society for soil mechanics and foundation engineering，1977，2：9-12.

[112] BAKER R，GARBER M. Theoretical analysis of the stability of slopes[J]. Géotechnique，1978，28（4）：395-411.

[113] CASTILLO E，RRVILLA J. The calculus of variations and the stability of slopes[C]// Proceedings of the 9th international conference on soil mechanics and foundation engineering. Japan society for soil mechanics and foundation engineering，1977，2：25-30.

[114] RAMAMURTHY T，NARAYAN C G P，BHATKAR V P. Variational method for slope stability analysis[C]// Proceedings of the 9th international conference on soil mechanics and foundation engineering. Japan society for soil mechanics and foundation engineering，1977，3：139-142.

[115] GRECO V R. Efficient Monte Carlo technique for locating critical slip surface[J]. Journal of the geotechnical engineering，ASCE，1996，122：517-525.

[116] MALKAWI A I H，HASSAN W F，SARMA S K. Global search method for locating general slip surface using Monte Carlo techniques[J]. Journal of geotechnical and geoenvironmental engineering，2001,127：688-698.

[117] CHENG Y M. Locations of critical failure surface and some further studies on slope stability analysis[J]. Computers and geotechnics，2003，30：255-267.

[118] ZOLFAGHARI A R，HEATH A C，MCCOMBIE P F. Simple genetic algorithm search for critical non-circular failure surface in slope stability analysis[J]. Computers and geotechnics，2005，32：139-152.

[119] BOLTON H P J，HEYMANN G，GROENWOLD A. Global search for critical failure surface in slope stability analysis[J]. Engineering optimization，2003，35：51-65.

[120] CHENG Y M，LAU C K. Slope stability analysis and stabilization：new methods and insight[M]. New York：CRC Press，2008.

[121] ANAGNOSTI P. Three dimensional stability of fill dams[C]// Proceedings of the 7th international conference on soil mechanics and foundation engineering. Rotterdam：Balkema A A.，1969.

[122] BALIGH M M，AZZOUZ A S. End effects on stability of cohesive slopes[J]. Journal of the geotechnical engineering division，ASCE，1975，101（11）：1105-1117.

[123] AZZOUZ A S，BALIGH M M，LADD C C. Three dimensional stability analysis of four embankment failures[C]// Proceedings of the 10th international conference on soil mechanics and foundation engineering. A. A. Rotterdam：Balkema A A.，1981,3：343-346.

[124] AZZOUZ A S，BALIGH M M. Loaded areas on cohesive slopes[J]. Journal of the geotechnical engineering division，ASCE，1983，109（5）：724-729.

[125] GENS A，HUTCHINASON J N，CAVOUNIDIS S. Three dimensional analyses of slides in cohesive soils[J]. Géotechnique，1988，38（1）：1-23.

[126] HOVLAND H J. Three-dimensional slope stability analysis method[J]. Journal of the geotechnical engineering division，ASCE，1977，103（9）：971-986.

[127] UGAI K. Three dimensional slope stability analysis by slice methods[C]// Proceedings of the 6th int. conf. on numer. meth. in geomech. Rotterdam：Balkema A. A.，1988，2：1369-1374.

[128] CHEN R H，CHAMEAU J L. Three dimensional slope stability analysis[C]// Proceedings of the 4th international conference on numerical methods in geomechanics，Rotterdam：Balkema A. A.，1982，2：671-677.

[129] CHEN R H，CHAMEAU J L. Three-dimensional limit equilibrium analysis of slopes[J]. Géotechnique，1983，33（1）：31-40.

[130] ZHANG X. Three dimensional stability analysis of concave slopes in plan view[J]. Journal of the geotechnical engineering division，ASCE，1988，114（6）：658-671.

[131] 陈祖煜，弥宏亮，汪小刚. 边坡稳定三维分析的极限平衡方法[J]. 岩土工程学报，2001，23（5）：

525-529.

[132] 张均锋，王思莹，祈涛. 边坡稳定分析的三维 Spencer 法[J]. 岩石力学与工程学报，2005，24(19)：3434-3439.

[133] 张均锋，丁桦. 边坡稳定性分析的三维极限平衡法及应用[J]. 岩石力学与工程学报，2005，24(3)：365-370.

[134] HUNGR O. An extension of Bishop's simplified method of slope stability analysis to three dimensions[J]. Géotechnique，1987，37（1）：113-117.

[135] HUANG C C，TSAI C C. New method for 3D and asymmetrical slope stability analysis[J]. Journal of geotechnical and geoenvironmental engineering，ASCE，2000，126（10）：917-927.

[136] HUANG C C，TSAI C C，CHEN Y H. Generalized method for three-dimensional slope stability analysis[J]. Journal of geotechnical and geoenvironmental engineering，ASCE，2002，128（10）：836-848.

[137] 冯树仁，丰定祥，葛修润. 边坡稳定性的三维极限平衡分析方法及应用[J]. 岩土工程学报，1999，21（6）：657-661.

[138] LAM L，FREDLUND D G. A general limit equilibrium model for three-dimensional slope stability analysis[J]. Canadian geotechnical journal，1993，30：905-919.

[139] LESHCHINSKY D，BAKER R，SILVER M L. Three dimensional analysis of slope stability[J]. International journal for numerical and analytical methods in geomechanics，1985，9（2）：199-223.

[140] UGAI K. Three-dimensional stability analysis of vertical cohesive slopes[J]. Soils and foundations，1985，25（3）：41-48.

[141] BAKER R，LESHCHINSKY D. Stability analysis of conical heaps[J]. Soils and foundations，1987，27（4）：99-110.

[142] GIGER M W，KRIZEK R J. Stability analysis of vertical cut with variable corner angle[J]. Soils and foundations，1975，15（2）：63-71.

[143] 郑宏. 严格三维极限平衡方法[J]. 岩石力学与工程学报，2007，26（8）：1529-1537.

[144] 邓东平，李亮. 基于滑动面应力假设下的三维边坡稳定性极限平衡法研究[J].岩土力学，2017(1)：189-196.

[145] 邓东平，李亮. 一般形状边坡下准严格与非严格三维极限平衡法[J].岩土工程学报，2013（3）：501-511.

[146] ZHOU X P，CHENG H. The long-term stability analysis of 3D creeping slopes using the displacement-based rigorous limit equilibrium method[J]. Engineering geology，2015,195：292-300.

[147] EISENSTEIN Z，SIMMONS J V. Three-dimensional analysis of Mica Dam[C]// Proceedings of the International symposium on "Criteria and Assumptions for Numerical Analysis of Dams". Swansea：[S.n.]，1975：1051-1070.

[148] CATHIE D N，DUNGAR R. Evaluation of finite element predictions for constructional behavior of a rockfill dam[J]. Preceedings of the institution of civil engineers，1978， 65：551-568.

[149] Jeremić B. Computational platform for elastic-plastic simulations in geomechanics[M]//Geomechanics:

Testing，Modeling，and Simulation. [S.l.]:[s.n.]，2005: 673-683.

[150] WEI W B，CHENG Y M，LI L. Three-dimensional slope failure analysis by the strength reduction and limit equilibrium methods[J]. Computers and geotechnics，2009，36：70-80.

[151] MICHALOWSKI R L. Three-dimensional analysis of locally loaded slopes[J]. Géotechnique，1989，39（1）：27-38.

[152] SOUBRA A H，REGENASS P. Three-dimensional passive earth pressures by kinematical approach[J]. Journal of geotechnical and geoenvironmental engineering，ASCE，2000，126（11）：969-978.

[153] CHEN Z，WANG X，HABERFIELD C. A three-dimensional slope stability analysis method using the upper bound theorem—Part I：theory and methods[J]. International journal of rock mechanics and mining sciences，2001，38（3）：369-378.

[154] CHEN Z，WANG J，WANG Y. A three-dimensional slope stability analysis method using the upper bound theorem—Part II：numerical approaches，applications and extensions[J]. International journal of rock mechanics and mining sciences，2001，38（3）：379-397.

[155] CHEN Z，MI H，ZHANG F. A simplified method for 3D slope stability analysis[J]. Canadian geotechnical journal，2003，40：675-683.

[156] CHEN Z Y. A generalized solution for tetrahedral rock wedge stability analysis[J]. International journal of rock mechanics and mining sciences，2004，41（4）：613-628.

[157] 陈祖煜，汪小刚，邢义川. 边坡稳定分析最大原理的理论分析和试验验证[J]. 岩土工程学报，2005，27（5）：495-499.

[158] 孙平. 基于非相关联流动法则的三维边坡稳定极限分析[D]. 北京：中国水利水电科学研究院，2005.

[159] 赵尚毅，郑颖人，敖贵勇. 考虑桩反作用力和设计安全系数的滑坡推力计算方法—传递系数隐式解法[J]. 岩石力学与工程学报，2016，35（8）：1668-1676.

[160] 中华人民共和国行业标准编写组. 公路路基设计规范：JTG D30—2015[S]. 北京：人民交通出版社,，2015.

[161] 中华人民共和国国家标准编写组. 建筑边坡工程技术规范：GB 50330—2013[S]. 北京：中国建筑工业出版社，2014.

[162] 中华人民共和国行业标准编写组. 水利水电工程边坡设计规范：SL 386—2007[S]. 北京：中国水利水电出版社，2007.

[163] BAKER R. A relation between safety factors with respect to strength and height of slopes[J]. Computers and geotechnics，2006，33（2）：275-277.

[164] ZHU D Y，LEE C F，CHAN D H，et al. Evaluation of the stability of anchor-reinforced slopes[J]. Canadian geotechnical journal，2005，42（5）：1342-1349.

[165] CAI F，UGAI K. Reinforcing mechanism of anchors in slopes：a numerical comparison of results of LEM and FEM[J]. International journal for numerical and analytical methods in geomechanics，2003，27（7）：549-564.

[166] 张鲁渝，郑颖人. 简化 Bishop 法的扩展及其在非圆弧滑面中的应用[J]. 岩土力学，2004，25（6）：

927-930.

[167] 邹广电，魏汝龙. 土坡稳定分析普遍极限平衡法数值解的理论及方法研究[J].岩石力学与工程学报，2006，25（2）：363-370.

[168] BELL J M. General slope stability analysis[J]. Journal of the soil mechanics and foundations division，ASCE，1968，94（S6）：1253-1270.

[169] ZHU D Y，LEE C F. Explicit limit equilibrium solution for slope stability[J]. International journal for numerical and analytical methods in geomechanics，2002，26（15）：1573-1590.

[170] 郑宏，谭国焕，刘德富. 边坡稳定性分析的无条分法[J]. 岩土力学，2007，28（7）：1285-1291.

[171] SUN G H，CHENG S G，JIANG W. A global procedure for stability analysis of slopes based on the Morgenstern-Price assumption and its applications[J]. Computers and geotechnics，2016，80 :97-106.

[172] HEATH M T. Scientific computing：an introductory survey[M]. 2nd ed. New York：McGraw-Hill，2002.

[173] ABRAMSON L W，LEE T S，SHARMA S，et al. Slope stability and stabilization methods[M]. 2nd ed.New York：John Wiley & Sons，2002.

[174] MITCHELL J K，SEED R B，SEED H B. Kettleman Hills waste landfill slope failure Ⅰ：liner system properties[J]. Journal of geotechnical engineering，ASCE，1990，116（4）：647-668.

[175] SEED R B，MITCHELL J K，SEED H B. Kettleman Hills waste landfill slope failure Ⅱ：stability analysis[J]. Journal of geotechnical engineering，ASCE，1990，116（4）：669-690.

[176] CHANG M. Three-dimensional stability analysis of the Kettleman Hills landfill slope failure based on observed sliding-block mechanism[J]. Computers and geotechnics，2005，32：587-599.

[177] SINGH S，MURPHY B. Evaluation of the stability of sanitary landfills[M]// LANDVA A，KNOWLES G D. Geotechnics of waste fills: theory and pratice. Publ Philadelphia: Astmastm STP1070,1990. 240-258.

[178] MORGENSTERN N R. The evaluation of slope stability：a 25 year perspective[C]//Stability and performance of slopes and embankments II，Geotechnical Special Publication No. 31.Denver:The American Society of Civil Engineers，1993: 1-26.

[179] CHENG Y M，LI D Z，LI L，SUN Y J. Limit equilibrium method based on an approximate lower bound method with a variable factor of safety that can consider residual strength[J]. Computers and geotechnics，2011，38(5): 623-637.

[180] PAN J. Analysis of stability and landslide for structures[M]. Beijing：Hydraulic Press， 1980：25-28.

[181] SUN G H，JIANG W，CHENG S G. Optimization Model for Determining Safety Factor and Thrust Line in Landslide Assessments[J]. International journal of geomechanics，2016，17(4)：04016091.

[182] CHENG Y M，LAU C K. Slope stability analysis and stabilization：new methods and insight[M]. 2nd ed.New York：CRC Press，2014.

[183] CHEN Z. On Pan's principles of rock and soil stability analysis[J]. Journal of Tsinghua University （Sci &Tech），1998，38：1-4.

[184] CHENG Y M，ZHAO Z H，SUN Y J. Evaluation of interslice force function and discussion on convergence in slope stability analysis by the lower bound method[J]. Journal of geotechnical and

geoenvironmental engineering，ASCE，2010，136：1103-1113.
[185] ZHANG T，ZHENG H，SUN C. Global method for stability analysis of anchored slopes[J].International journal for numerical and Analytical Methods in Geomechanics，2019，43（1）：124-137.
[186] 邹广电，陈永平. 抗滑桩的极限阻力及其整体设计[J]. 水利学报，2003（06）：22-29.
[187] LIANG R Y，JOORABCHI A E，LI L. Analysis and design method for slope stabilization using a row of drilled shafts[J]. Journal of geotechnical and geoenvironmental engineering，2014，140（5）：04014001.
[188] ITO T，MATSUI T. Design method for the stabilizing piles against landslide—one row of piles[J]. Soils and foundations，1981，1（21）：21-37.
[189] LEE C Y，HULL T S，POULOS H G. Simplified pile slope stability analysis[J]. Computer and geotechnics，1995，17（1）：1-16.
[190] AUSILIO E，CONTE E，DDNTE G. Stability analysis of slopes reinforced with piles[J]. Computer and geotechnics，2001，28（8）：591-611.
[191] 谭捍华，赵炼恒，李亮，等. 抗滑桩预加固边坡的能量分析方法[J]. 岩土力学，2011（S2）：190-197.
[192] 张友良，冯夏庭，范建海，等. 抗滑桩与滑坡体相互作用的研究[J]. 岩石力学与工程学报，2002（06）：839-842.
[193] 弥宏亮，陈祖煜，张发明，等. 边坡稳定三维极限分析方法及工程应用[J]. 岩土力学，2002，23（5）：649-653.
[194] 谢谟文，蔡美峰，江崎哲郎. 基于 GIS 边坡稳定三维极限平衡方法的开发及应用[J]. 岩土力学，2006，27（1）：117-122.
[195] 姜清辉，王笑梅，丰定祥，等. 三维边坡稳定性极限平衡分析系统软件 SLOPE3D 的设计及应用[J]. 岩石力学与工程学报，2003，22（7）：1121-1125.
[196] 朱大勇，丁秀丽. 三维边坡稳定准严格极限平衡解答[C]// 三峡库区地质灾害与岩土环境学术研讨会论文集. 重庆：[s.n.]，2006：166-177.
[197] 梅凤翔. 关于力学系统的守恒量—力学分析札记之四[J]. 力学与实践，2000，22（1）：49-51.
[198] 谢谟文，蔡美峰. 信息边坡工程学的理论与实践[M]. 北京：科学出版社，2005.
[199] BUCHBERGER B. Gröbner-bases：an algorithmic method in polynomial ideal theory[C]// BOSE N. Multidimensional systems theory—progress，directions and open problems in multidimensional systems. Dodrecht-Boston-Lancaster：Reidel Publishing Company，1985：184-232.
[200] ALLGOWER E L，GEORG K. Introduction to numerical continuation methods[M]. New York：Springer-Verlag，2003：132-140.
[201] CHUGH A K. Multiplicity of numerical solutions for slope stability problems[J]. International journal for numerical and analytical methods in geomechanics，1981，5（3）：313-322.
[202] SUN G H，ZHENG H，LIU D F. A three-dimensional procedure for evaluating the stability of gravity dams against deep slide in the foundation[J]. International journal of rock mechanics and mining sciences，2011，48：421–426.
[203] KRESSNER D. Numerical methods for general and structured eigenvalue problems[M]. Berlin：Springer，2005.

[204] 中华人民共和国水利行业标准. 混凝土重力坝设计规范：SL 319—2005[S]. 北京：中国水利水电出版社，2005.

[205] ZHENG Y，SHI W，KONG W. Calculation of seepage forces and phreatic surface under drawdown conditions[J]. Chinese journal of rock mechanics and engineering，2004，23（18）：3203-3210.

[206] CONTE E，TRONCONE A. A simplified method for predicting rainfall-induced mobility of active landslides[J]. Landslides，2017，14（1）：35-45.

[207] SUN G H，YANG Y T，CHENG S G. Phreatic Line Calculation and Stability Analysis of Slopes under the Combined Effect of Reservoir Water Level Fluctuations and Rainfall[J]. Canadian geotechnical journal，2017, 54（5）: 631-645.

[208] SUN G H，Huang Y Y，Li C G. Formation mechanism，deformation characteristics and stability analysis of Wujiang landslide near Centianhe reservoir dam[J]. Engineering geology，2016，211：27–38.

[209] SUN G，ZHENG H，HUANG Y. Stability analysis of statically indeterminate blocks in key block theory and application to rock slope in Jinping-I Hydropower Station[J]. Engineering geology，2015，186：57-67.